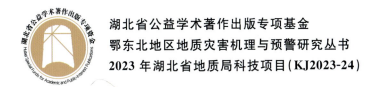

湖北省公益学术著作出版专项基金
鄂东北地区地质灾害机理与预警研究丛书
2023年湖北省地质局科技项目(KJ2023-24)

黄冈市地质灾害
精细化气象风险预警应用研究

HUANGGANG SHI DIZHI ZAIHAI
JINGXIHUA QIXIANG FENGXIAN YUJING YINGYONG YANJIU

朱文慧　邹　浩　晏鄂川　陈金国　关雪峰　著

中国地质大学出版社
ZHONGGUO DIZHI DAXUE CHUBANSHE

图书在版编目(CIP)数据

黄冈市地质灾害精细化气象风险预警应用研究/朱文慧等著.—武汉:中国地质大学出版社,
2024.6.—ISBN 978-7-5625-5891-0

Ⅰ.①P694;P457

中国国家版本馆 CIP 数据核字第 2024X5N461 号

黄冈市地质灾害精细化气象风险预警应用研究	朱文慧 邹 浩 晏鄂川 陈金国 关雪峰	著

责任编辑:舒立霞	选题策划:江广长 段 勇 李应争	责任校对:何澍语

出版发行:中国地质大学出版社(武汉市洪山区鲁磨路388号)	邮编:430074
电　　话:(027)67883511　　传　　真:(027)67883580	E-mail:cbb@cug.edu.cn
经　　销:全国新华书店	http://cugp.cug.edu.cn

开本:880毫米×1230毫米 1/16	字数:293千字	印张:9.25
版次:2024年6月第1版		印次:2024年6月第1次印刷
印刷:湖北睿智印务有限公司		

ISBN 978-7-5625-5891-0	定价:238.00元

　　如有印装质量问题请与印刷厂联系调换

前 言 PFEFACE

党的二十大为新时代中国特色社会主义的发展指明了前进方向、确立了行动指南。在党的二十大精神的指引下,我们必须加强新时代自然资源调查与"水工环"地质工作。地质灾害防治作为其中的一项重要任务,对于保障人民群众的生命财产安全具有重要意义。经过多年的努力,我国在汛期地质灾害防治方面已经形成了一套较为完善的预警和应对机制,并取得了显著的成效。这些成效的取得,关键在于我们积极开展了地质灾害气象预警工作,通过科学的方法和先进的技术,有效地预测和防范地质灾害,最大限度地减少了地质灾害带来的损失。

但是,地质灾害发生的影响因素众多,导致汛期地质灾害气象预警难度大、精度偏低,因此,仍然需要持续深入研究地质灾害气象预警预报。如近十年来黄冈市汛期地质灾害仍频发多发,造成了人员伤亡与经济损失。为了减少地质灾害带来的社会与经济影响,开展由点到面的地质灾害风险防控是防灾减灾工作的必然趋势。同时,为了有效应对极端气候和人类工程活动引发的地质灾害,迫切需要提升地质灾害气象风险预警水平。因此,研究黄冈市地质灾害气象风险预警十分必要且具有重要现实意义。

目前,黄冈市并未系统开展市级地质灾害气象风险预警工作,仅依托湖北省省级地质灾害气象风险预警平台进行了多年工作。而省级气象预警以地市州行政单元作为预警单元,网格单元为$500m \times 500m$,黄冈市级气象部门开展的气象风险预警工作主要是区域大范围的气象预警,目前气象部门对连续性降雨过程的预警较好,但对局部地域、短临时间的地质灾害预警能力则不足。因此,亟须以更小的区域深入开展地质灾害精细化气象预警攻关,提高风险预警产品质量,通过平台建设完成适用于黄冈地区的地质灾害精细化气象预警系统,从而提高灾害气象预警的精度和可信度。

本书以黄冈市地质灾害及其气象风险预警为主题,基于黄冈市地质灾害发育现状,围绕地质灾害的变形破坏特征及降雨特征,构建黄冈市地质灾害气象风险预警模型,建设黄冈市地质灾害精细化气象风险预警平台,实现黄冈市地质灾害精细化气象风险预警。全书共分7章。第1章对国内外地质灾害气象预警领域的研究进行全面系统的归纳,同时结合黄冈市地质灾害气象预警工作现状进行总结分析,目的是帮助读者了解国内外研究现状,提出黄冈市在这方面的应用需求;第2章对黄冈市地质灾害发育规律进行统计,分析其孕灾条件及发育特征;第3章对地质因子量化赋值、地质分区、潜势度分区等问题进行研究,结合BP神经网络建立指标权重模型;第4章运用地质灾害致灾因素的概率量化模型和有效雨量模型,将地质因子与降雨因子进行叠加耦合,建立预警指标构建黄冈市地质灾害精细化气象风险预警模型;第5章是关于地质灾害精细化气象风险预警平台开发,建立了智能化、自动化的预警预报机制;第6章介绍了市级地质灾害气象预警业务流程和预警效果评价方法,并结合黄冈市汛期滑坡历史事件进行预警效果检验与评价;第7章是思考与展望,从专业化和信息化的角度对优化地质灾害气象预警模型和预警系统提出了建议。

本书是基于黄冈市地质灾害精细化气象风险预警项目成果而撰写。黄冈市地质灾害精细化气象风险预警系统的完成与应用,得益于多个单位和专家学者的无私帮助。其中,黄冈市自然资源和规划局和黄冈市气象局的领导彭文胜、汪卫国、王晓岚、彭俊辉、吴立霞、陈光涛、张翼等对黄冈市地质灾害精细化气象风险预警平台的建设与运行提供了大力支持。武汉大学测绘遥感信息工程国家重点实验室关雪峰教授团队协助完成了黄冈市地质灾害精细化气象风险预警系统的研发和运维工作。中国地质大学（武汉）晏鄂川教授团队协助完成了黄冈市区域地质-气象耦合关系分析和有效雨量模型的建立。湖北省地质局第三地质大队地质环境中心的各位同仁在汛期坚持协助编写组完善预警阈值的优化和气象预警系统的效果验证，尤其是陈兵、王超、蔡恒昊、陈慧娟、何明明、张满、陈礼杰等给予了长期持续的支持。在此，一并表示衷心的感谢！

  由于地质灾害精细化气象风险预警研究是一项有难度的应用型研究课题，加之笔者水平所限，书中诸多不足之处在所难免，衷心希望读者批评指正。

编写组

2023 年 10 月 25 日

目 录 CONTENTS

第1章 绪论 …………………………………………………………………………… (1)
  1.1 地质灾害气象预警研究的意义 ………………………………………………… (1)
  1.2 国内外研究现状 ………………………………………………………………… (2)
    1.2.1 地质灾害气象预警研究现状 …………………………………………… (3)
    1.2.2 地质灾害气象预警方法研究现状 ……………………………………… (5)
    1.2.3 地质灾害气象预警模型研究现状 ……………………………………… (7)
    1.2.4 地质灾害气象预警判据研究现状 ……………………………………… (9)
    1.2.5 地质灾害气象预警系统研究现状 ……………………………………… (13)
  1.3 地质灾害气象预警研究的发展趋势 …………………………………………… (14)
  1.4 黄冈市地质灾害气象预警工作现状 …………………………………………… (15)

第2章 黄冈市地质环境与地质灾害 ……………………………………………… (17)
  2.1 区域地质环境条件分析 ………………………………………………………… (17)
    2.1.1 气象水文条件 …………………………………………………………… (17)
    2.1.2 地形地貌条件 …………………………………………………………… (19)
    2.1.3 地层岩性条件 …………………………………………………………… (20)
    2.1.4 地质构造条件 …………………………………………………………… (20)
    2.1.5 工程地质条件 …………………………………………………………… (20)
    2.1.6 水文地质条件 …………………………………………………………… (22)
    2.1.7 人类工程活动特征 ……………………………………………………… (23)
  2.2 地质灾害分布规律 ……………………………………………………………… (24)
    2.2.1 地质灾害主要类型 ……………………………………………………… (24)
    2.2.2 地质灾害分布特征 ……………………………………………………… (25)
  2.3 地质灾害发育特征 ……………………………………………………………… (29)
    2.3.1 受降雨作用地质灾害发育 ……………………………………………… (29)
    2.3.2 易滑地层内地质灾害发育 ……………………………………………… (30)
    2.3.3 沿构造带地质灾害发育 ………………………………………………… (30)
    2.3.4 沿人类工程活动带地质灾害发育 ……………………………………… (31)
  2.4 地质灾害形成条件 ……………………………………………………………… (31)
    2.4.1 地形地貌与地质灾害 …………………………………………………… (31)
    2.4.2 岩(土)体类型与地质灾害 ……………………………………………… (32)
    2.4.3 水与地质灾害 …………………………………………………………… (33)

第3章 黄冈市地质灾害气象预警分区 ……………………………………………………… (35)
3.1 区域地质背景分区 ………………………………………………………………… (35)
3.1.1 评价指标的选取与统计分析 ……………………………………………… (35)
3.1.2 评价指标量级划分及地质分区 …………………………………………… (42)
3.2 BP神经网络指标权重模型 ………………………………………………………… (44)
3.2.1 BP神经网络概念 …………………………………………………………… (44)
3.2.2 BP神经网络算法原理 ……………………………………………………… (45)
3.2.3 基于Matlab的BP神经网络权重模型构建 ……………………………… (45)
3.2.4 程序实现与权值结论 ……………………………………………………… (46)
3.3 潜势度分区与评价 ………………………………………………………………… (48)

第4章 地质灾害气象风险预警模型研究 …………………………………………………… (51)
4.1 预警模型技术路线 ………………………………………………………………… (51)
4.2 基于统计分析的逻辑回归模型 …………………………………………………… (51)
4.3 气象预警判据研究 ………………………………………………………………… (56)
4.3.1 有效雨量模型 ……………………………………………………………… (56)
4.3.2 临界降雨量判据研究 ……………………………………………………… (56)
4.4 建立气象预警模型 ………………………………………………………………… (63)
4.4.1 显示统计预警模型 ………………………………………………………… (63)
4.4.2 气象预警分级 ……………………………………………………………… (63)
4.5 预警模型验证 ……………………………………………………………………… (64)
4.5.1 预警模型区划验证 ………………………………………………………… (64)
4.5.2 预警模型历史验证 ………………………………………………………… (73)

第5章 气象预警平台开发 …………………………………………………………………… (79)
5.1 系统总体概述 ……………………………………………………………………… (79)
5.1.1 运行环境说明 ……………………………………………………………… (79)
5.1.2 系统平台特点分析 ………………………………………………………… (80)
5.1.3 系统整体架构 ……………………………………………………………… (80)
5.1.4 系统功能模块 ……………………………………………………………… (81)
5.1.5 其他 ………………………………………………………………………… (83)
5.2 后端系统服务 ……………………………………………………………………… (84)
5.2.1 空间数据库 ………………………………………………………………… (84)
5.2.2 系统目录管理 ……………………………………………………………… (90)
5.2.3 系统配置文件 ……………………………………………………………… (90)
5.2.4 数据查询服务 ……………………………………………………………… (91)
5.2.5 地图发布服务 ……………………………………………………………… (91)
5.2.6 雨量接入服务 ……………………………………………………………… (96)
5.2.7 雨量栅格面生成服务 ……………………………………………………… (97)
5.2.8 预警分析服务 ……………………………………………………………… (98)

  5.2.9 产品管理服务 ………………………………………………………………………… (98)
 5.3 前端系统界面 ………………………………………………………………………………… (99)
  5.3.1 图层管理 ……………………………………………………………………………… (99)
  5.3.2 雨量数据管理 ………………………………………………………………………… (99)
  5.3.3 气象预警分析 ………………………………………………………………………… (104)
  5.3.4 历史预警查询 ………………………………………………………………………… (105)
  5.3.5 预警参数设置 ………………………………………………………………………… (107)
  5.3.6 预警产品管理 ………………………………………………………………………… (108)
  5.3.7 预警信息发布 ………………………………………………………………………… (108)
  5.3.8 会商记录管理 ………………………………………………………………………… (109)
  5.3.9 权限管理 ……………………………………………………………………………… (110)

第6章 气象预警产品发布与效果评价 …………………………………………………………… (112)
 6.1 气象预警业务流程 …………………………………………………………………………… (112)
 6.2 预警产品发布管理 …………………………………………………………………………… (113)
  6.2.1 预警会商联动机制 …………………………………………………………………… (113)
  6.2.2 气象预警发布流程 …………………………………………………………………… (113)
 6.3 预警效果评价指标与方法 …………………………………………………………………… (114)
  6.3.1 预警准确率评价 ……………………………………………………………………… (114)
  6.3.2 基于命中率、漏报率、空报率三指标的预警效果评价 ……………………………… (114)
 6.4 预警试运行期间效果评价 …………………………………………………………………… (115)
  6.4.1 初期预警模型预警效果评价 ………………………………………………………… (115)
  6.4.2 修正后预警模型预警效果评价 ……………………………………………………… (119)
  6.4.3 预警模型在不同时间段的预警效果评价 …………………………………………… (122)
 6.5 预警模型精细化程度 ………………………………………………………………………… (122)

第7章 思考与展望 ………………………………………………………………………………… (123)
 7.1 应用研究结论 ………………………………………………………………………………… (123)
  7.1.1 结论 …………………………………………………………………………………… (123)
  7.1.2 运行情况 ……………………………………………………………………………… (124)
  7.1.3 存在的问题与思考 …………………………………………………………………… (124)
 7.2 应用研究方向 ………………………………………………………………………………… (126)
  7.2.1 三代预警模型综合运用 ……………………………………………………………… (126)
  7.2.2 基于天-空-地一体化的"三查"体系 ………………………………………………… (126)
  7.2.3 精细化气象风险预警 ………………………………………………………………… (127)
  7.2.4 人工智能(AI)开发应用 ……………………………………………………………… (128)
  7.2.5 地质灾害风险防控技术 ……………………………………………………………… (129)
  7.2.6 建立三维GIS监测预警系统 ………………………………………………………… (131)
 7.3 展望 …………………………………………………………………………………………… (131)

主要参考文献 ……………………………………………………………………………………… (133)

第1章 绪 论

1.1 地质灾害气象预警研究的意义

地质灾害防治工作是全社会的一项"生命保护工程",是自然资源系统的重要职责。地质灾害气象风险精细化预警是地质灾害防治工作中监测预警体系建设的重要组成部分,做好这项工作对保障人民生命财产安全、维护社会稳定和谐、促进社会经济有序健康发展具有十分重要的意义。

地质灾害防治的基本原则是预防为主。岩土(体)等地质环境条件与降雨气象条件是引发地质灾害的两个重要因素,黄冈市地质灾害的发生与降雨关联性较强,地质灾害大多数发生在汛期降雨期间。近年来,极端天气频发,各类工程活动对地质环境影响也在增大,地质灾害高发、频发,造成严重的经济损失,并威胁着人民群众的生命安全,地质灾害防治形势严峻。

对黄冈市地质环境条件特征及气候特点进行分析,可知黄冈市地质灾害的发生主要集中在汛期(5—9月),多与降雨强度和降雨历时相关,降雨诱发的地质灾害在各市县均有分布,易发区主要在松散岩(土)体区、强风化碎屑岩区或变质岩区。这种特定地质环境条件复杂多样,在降雨影响下,形成了黄冈市地质灾害点多面广、活动频繁、危害严重的特点。其中,降雨诱发的滑坡、崩塌、泥石流是黄冈市地质灾害的主要类型。尤其是近10年来,汛期强降雨诱发的滑坡灾害多发,且造成了人员伤亡与经济损失。如2016年7月4日,在持续强降雨后,蕲春县大同镇两河口村发生滑坡灾情(图1.1a),造成2人死亡、3栋房屋被掩埋、堆积体堵塞蕲河,直接经济损失约300万元。2020年7月8日,黄梅县大河镇遭遇特大暴雨,突发两起小型滑坡,其中袁山村滑坡(图1.1b)造成8人遇难、1人受伤、5栋房屋被损毁,直接经济损失约1000万元;宋冲村滑坡(图1.1c)造成1人遇难、1人重伤、1栋房屋被损毁,直接经济损失约200万元。由此可知,为了减少地质灾害带来的社会与经济影响,研究黄冈市降雨型地质灾害精细化气象风险预警十分必要且具有重要的现实意义。

因此,依靠科技进步,运用新思路、新理论、新技术、新方法,结合近年来黄冈市突发地质灾害典型时段的降雨类型、降雨强度、降雨过程,有针对性地开展地质灾害时空分布特征、变形破坏特征、发育规律的调查与分析,总结降雨与地质灾害形成的关系,开展由点(单点或已存点)到面(即潜在灾害区域)的地质灾害风险防控是防灾减灾工作的必然趋势,其中的一项关键技术工作就是地质灾害精细化气象风险预警建设。

为了适应我国社会经济可持续发展的需要,有效减轻以气象因素为主引发的地质灾害,2003年4月7日,国土资源部和中国气象局签订《联合开展地质灾害气象预报预警工作协议》,开启全国地质灾害气象预警预报工作序幕;2010年10月14日,双方签订《关于深化地质灾害气象预警预报工作合作的框架协议》,探索推动地质灾害气象预警预报向地质灾害气象风险预警转变;2020年5月11日,自然资源部和中国气象局联合印发《进一步加强汛期地质灾害气象风险预警工作的通知》,推动地质灾害气象风险预警向市县基层延伸。2021年6月3日,自然资源部与中国气象局在京签署《关于深化地质灾害气

a.蕲春大同镇两河口村滑坡　b.黄梅袁山村滑坡　c.黄梅宋冲村滑坡

图1.1　黄冈市典型滑坡案例

象风险预警工作的合作协议》,双方在原有合作基础上,进一步联合加强地质灾害易发区雨量监测站网建设,做好地质灾害气象风险预警。

当前,习近平总书记对防灾减灾工作有一系列重要指示,指出要"坚持以防为主、防抗救相结合""及时准确对雨情、水情等气象数据进行滚动预报,加强对次生灾害的预报,特别要提高局部强降雨、台风、山洪、泥石流等预测预报水平",提出将"以人为本"的理念贯穿于地质灾害监测预警体系建设工作中,建立高效科学的自然灾害防治体系。近几年来,湖北省进入极端恶劣天气的高发期和重大基础设施建设的高峰期,自然环境和人类活动等多重因素相互叠加,地质灾害防治工作依然处于易发、多发、频发的高风险期。鉴于此,迫切需要提升地质灾害精细化气象风险预警水平。黄冈市地质灾害精细化气象风险预警项目建设是在全市地质环境、气象等各类数据资源整合共享的基础上,在地质灾害灾情上报系统中充分应用地质灾害气象风险预警模型方法,为地质灾害风险预警分析提供更加全面的信息支撑,提高对地质灾害的全面感知、精细预警、及时发布和预警反馈。通过项目的建设能够充分挖掘气象数据在地质灾害监测预警中的价值,建立以地质灾害为基础的综合风险预警体系,提高地质灾害气象风险预警的精细化程度,全面提升黄冈市面向领导决策、政府管理、专业研究、公众服务的地质灾害气象预警服务能力,减少地质灾害造成的损失。

1.2　国内外研究现状

在地质灾害发生的地形、地质等内部条件既定的情况下,诸多外部因素中降雨,尤其是大量的降雨或暴雨无疑成了诱发地质灾害的最主要外部因素之一。因此,国内外一直非常重视研究地质灾害与气象的关系,以期找到合理的地质灾害预测预报方法及防治措施。

地质灾害气象风险预警是指基于前期过程降雨量和预报降雨量,预测引发该区域地质灾害的可能性及成灾风险大小。近年来,地质灾害预警预报已成为灾害领域的一个热点课题。由于降雨等气象信息数据可利用现代科技进行预测预报,因而它逐渐成为灾害区域预警的重要指标。

1.2.1 地质灾害气象预警研究现状

地质灾害发生是一个多因素共同作用的复杂物理过程,是内因和外因共同影响的结果。内因包括地形地貌、地质构造、地层岩性、水文地质、植被覆盖等,外因包括自然因素和人为因素。气象条件是地质灾害突然暴发的重要自然诱因,其中持续降雨或短时强降雨是导致潜在地质灾害发生的最关键因素。自 20 世纪 80 年代末起,随着联合国"国际减轻自然灾害十年(IDNDR)"计划的启动,滑坡、泥石流等地质灾害引起了国际社会的广泛重视,极大地推动了全球范围内对降雨引发的地质灾害的预测预报研究。在该计划的推动下,我国开展了大规模的地质灾害整治计划,如长江上游滑坡、泥石流防治计划、《地质灾害防治工作规则纲要(2001—2015)》等。这些工作为建立全国范围的地质灾害气象预警系统打下了坚实的基础。

我国学者从 20 世纪 90 年代开始对地质灾害与降雨的关系进行了大量深入细致的研究,分析了触发滑坡、泥石流的降雨特征,主要包括临界降雨强度、降雨持续时间、降雨类型、降雨量和累计降雨量等,进而建立了基于降雨的临界雨量模型,开展了地质灾害预警预报方法研究,并进一步开展了地质灾害风险评价和区划方法的研究。此外,还有学者对伴随地质灾害预警研究而发展起来的地质灾害风险评价研究进行了系统的总结和梳理,旨在对存在的问题提出建设性的议案,并展望该领域的发展方向。

地质灾害气象预警在国外开展得比较早,以美国、法国为代表的欧美国家和以印度、日本为代表的亚洲国家都积极开展了地质灾害危险性、地质灾害预测、危险性区域划分的研究,并逐渐形成了通过数学统计分析模型、水文模式与地质力学耦合模式相结合的方式来预测地质灾害发生的可能性。美国、日本、委内瑞拉、波多黎各、意大利等国家曾经或正在进行面向公众的区域性降雨型滑坡实时预报。其中,美国加利福尼亚旧金山海湾地区的预警系统最具代表性。

中国香港地区的地质灾害以浅层滑坡为主,自 1950 年起开始收录完整的滑坡灾害资料,于 1984 年建立了自动化的滑坡预警系统(LWS),是世界上最早研究降雨和滑坡关系、实施滑坡气象预警预报的地区。1985 年,美国地质调查局(USGS)和美国国家气象服务中心(USNWS)联合建立了一套滑坡实时预报系统(Wieczorek,1990),综合分析了临界降雨强度和持续时间、降雨的空间分布以及地形条件等,得到了降雨与滑坡发生的经验关系式,结合实时雨量监测数据,通过当地电台、电视台以及美国气象服务中心的特别预报等方式,对整个旧金山海湾地区滑坡灾害进行预警预报。

Brand(1988)对中国香港 1963—1983 年期间发生的滑坡灾害与降雨资料进行了研究,认为中国香港绝大多数滑坡是由短时强降雨引发的,提出以小时降雨量作为发生滑坡灾害的临界值,为了便于预警,又提出了日降雨临界值这一指标(引发地质灾害的降雨阈值)。

Au(1993)从降雨影响斜坡变形破坏机理的角度,研究降雨与香港地区边坡稳定性的关系,发现降雨影响边坡稳定性的最常见方式是孔隙水吸力损失、侵蚀和浅层孔隙水压力积聚。边坡稳定性及发生变形破坏的规模取决于降雨强度、区域范围、位置和持续时间,前期降雨量对浅层滑坡(深度小于 5m)的影响相对较小。

Glade 等(2000)首次引入"前期日降雨量模型"计算区域触发滑坡的降雨阈值,触发降雨条件由事件前一段时间内发生的降雨(前期降雨)和事件当天的降雨量的组合表示。根据暴雨过程线的衰退行为,为每个区域推导出一个基于物理的衰减系数,并用于生成前期降雨的指数。采用统计技术获得阈值,筛选出诱发滑坡的降雨条件。由此产生的区域模型能够根据降雨条件表示滑坡事件发生的概率。计算出的阈值显示了滑坡发生对特定降雨条件敏感性的区域差异。这些差异与滑坡数据库和区域之间现有地质条件的差异有关。

刘传正等(2004a、b、c)吸收了美国旧金山和中国香港的经验,创建了中国第一个地质灾害监测预警试验区——四川雅安地质灾害监测预警试验区(2001—2004),采用临界降雨判据方法(隐式统计)建立了中国第一代国家级地质灾害预警系统,并于2003—2007年期间进行应用。在此研究基础上,将中国大陆分为7个预警大区、74个预警单元,结合显示统计预警模型建立了第二代国家级地质灾害预警系统并投入应用,效果良好。

张桂荣等(2005b)基于浙江省淳安、磐安、庆元和永嘉4个县的历史滑坡资料,在研究降雨量、降雨强度和降雨过程与滑坡灾害的空间分布、时间上的对应关系,建立起滑坡灾害时空分布与降雨过程的统计关系,确定区域性滑坡的临界降雨量和降雨强度阈值的基础上,开发出了浙江省降雨型滑坡预警预报系统,建成的系统能够自动获取浙江省气象台降雨数据库中的数据生成时间与降雨量实时曲线,当降雨量达到降雨强度阈值时,触发MapGIS空间分析功能,在网络上发布区域预警预报信息,并提供预警措施。

杨胜元等(2006)充分利用天气雷达网及较完善的气象信息收集传输网络系统作为技术支撑,考虑前期降雨过程、降雨类型、累积雨量及日降雨量等综合预警指标,建立了贵州省汛期地质灾害预报预警系统。该系统可自动进行实时气象资料采集处理,对全省各地及地质灾害隐患地区进行实时天气监测,自动进行预警指标计算并输出预警结果。根据地质灾害与气象条件的关系,将地质灾害气象条件预警等级分为Ⅰ、Ⅱ、Ⅲ,分别定义为可能性较大、可能性一般、可能性较小。

胡玉禄等(2006)探究了山东省地质灾害气象预警研究中地质构造、气象条件及已发地质灾害规律,发现了致灾营力当量定律,运用该定律将岩性、构造、降雨致灾因素作用统一到坡度致灾作用上,编制了专用软件,以$0.25km\times0.25km$为计算单元实现了山东省空间范围的致灾营力当量计算。根据降雨诱发地质灾害致灾营力当量阈值,追踪出地质灾害危险性预警级别。依据预警级别,发布地质灾害气象预警信息。

谢洪波等(2008)以云南省新平县为基本气象预警区划单元,系统分析了该县地理、地质、气候、降雨等地质灾害诱发因子的特征,以MapGIS为平台,根据研究区实际发生的多次降雨型突发性地质灾害,确定了突发性地质灾害县级气象预警区划的原则、方法和判据式,进一步提高了县级小区域中地质环境复杂、地形变化大、降雨受地形影响强烈的山地区域的气象预警精度。

唐红梅等(2013)以重庆地区中浅层降雨型滑坡为例,基于逻辑回归方法建立了降雨型滑坡的预测预报模型,并筛选对滑坡影响较大的降雨因子组合,重点讨论了无前期降雨情况下的当日降雨量与当日最大小时降雨之间的关系,得到了不同滑坡发生概率下的降雨阈值曲线。结果表明模型正确率达到87.3%,该模型可作重庆地区降雨型滑坡的定量化预测。

庄建琦等(2013)基于西安地区1980—2010年期间发生的114个滑坡,利用基于当日降雨量和前期有效降雨量分析的滑坡预测模型,建立了影响秦岭、李岭、黄土塬地区滑坡发生的前期有效降雨日数和递减指数,并利用气象资料计算了这些地区未来滑坡发生概率分别为10%、50%和90%的临界阈值,根据降雨与阈值的关系,确定4级预警等级区域。

王裕琴等(2015)分析了云南省地质环境条件、降雨与地质灾害的关系,将影响地质灾害的因素分为控制因素和诱发因素,并按地质环境背景条件差异将全省划分为11个预警区,建立了特定地质环境条件下地质灾害气象风险预警平台,使预警精度达乡镇级。

赵晓东等(2018)根据温州市地质灾害发生的实际情况,提出了基于GIS的地质灾害预警预报模型。在模型中输入无量纲化的非降雨和降雨因素,经预警判据矩阵可生成预警结果,满足了温州市以行政村为单元的灾害预警预报和群测群防实际工作的需求,实现了实时、快速和高效的地质灾害预警预报。温州市地质灾害预警预报系统基于ArcGIS进行了二次开发,减少了整体开发的工作量,提供了雨量数据获取、GIS预警计算和预警发布三大核心功能模块,并通过批处理实现了一键运行和无人值守功能,大大简化了系统的操作难度。通过现场应用该模型进行预测,并将预警结果与实际观测结果进行对比分析,可见两者高度吻合,说明此模型为温州市防灾减灾和群测群防工作提供了可靠的技术支持。

李朝奎等(2019)以第二代显式统计预警模型为基础,针对广东省中山市地质条件及降雨情况,构建了满足该地区需求的统计预警模型。对高程低于10m的平原地区直接判定为无风险,减少了数据运算,实现了研究区更为精准、单元尺度更小的地质灾害分级预警,定位更准确,预警等级表现得更直观。

1.2.2 地质灾害气象预警方法研究现状

经过广大研究人员的不断探索,地质灾害预警预报的理论和方法有了较大的进展,经历了从现象预报、经验预报,到统计预报、灰色预报、非线性预报,再到基于GIS平台的预报及基于天-空-地一体化的重大地质灾害隐患识别的"三查"体系。目前地质灾害的预警预报还是一个国际难题,还不可能提前对灾害的发生时间作出准确的预报。但近年来的研究和实践证明,对大多数已进行科学、专业监测的地质灾害体而言,在灾害发生前,提前数小时、数分钟发出预警信息还是可能的。

由于地质灾害的发生与降雨因素密切相关,因此,国内外一直非常重视研究地质灾害与降雨的关系,以期找到合理的地质灾害气象预警预报方法及防治措施。目前,研究方法主要集中在两大方向:一是从降雨诱发地质灾害的机理出发,分析降雨入渗后斜坡体内的水-岩(土)力学反应(包括静水压力、动水压力及非饱和土的基质吸力)和物理化学反应等对斜坡稳定性的影响;二是基于统计学原理研究地质灾害与降雨的数学关系,根据气象资料与对应的位移监测资料,利用专业监测技术对地质灾害进行预测预报。

1.2.2.1 降雨对地质灾害的作用机理研究

降雨是地质灾害的重要触发因素之一,许多学者致力于降雨对地质灾害的作用机理研究,研究成果集中在降雨对斜坡稳定性的影响、考虑湿润锋以上渗透作用的斜坡稳定性计算、地下水的渗透力作用对斜坡稳定性的影响等方面。

Lourenco等(2006)分析了不同土层在相同降雨条件下,孔隙水压力的变化情况。Lim等(1996)通过对南洋理工大学校园内的残积土斜坡进行降雨模拟试验,取得了坡体中基质吸力变化规律。李爱国等(2003)利用人工边坡物理模拟试验获取了强降雨诱发滑坡的成因机理。黄涛等(2004)进行了边坡稳定性模型试验,确定了边坡滑动时控制累积入渗量与边坡变形量的关系以及边坡处于危险时刻的入渗量。吴宏伟等(1999)以香港边坡为研究对象,研究分析了降雨历时、雨型、雨强、土体渗透性、表面入渗率、阻水层特点等因素对非饱和土坡稳定性的影响。陈力等(2001)采用运动波理论和两次改进后的入渗模型建立了坡面降雨入渗的动力学模型。兰恒星等(2003)分析了孔隙水压力对香港浅层边坡稳定性的影响,认为滑坡产生的原因是降雨导致瞬时孔隙水压力发生了变化。荣冠等(2005)利用非饱和渗流有限元方法得出了锦屏一级左岸高边坡在降雨条件下的渗流场变化规律。李峰和郭院成(2007)研究了非饱和土体的吸力、吸水软化、地下水水位等方面随降雨入渗量而变化的特性,建立了考虑非饱和土渗透系数空间变化特性的降雨入渗模型。谭文辉等(2010)得到了降雨与坡内应力场、压力场、位移场的关系。银明锋(2012)采用室内模型试验与理论分析的方法探索了风化岩质边坡在降雨条件下的渗流和滑坡机理。王维早等(2017)通过在典型滑坡体开展地下水现场监测、高密度电法等试验,研究南江县平缓浅层堆积层斜坡的降雨入渗规律,发现随着降雨的继续,饱和区域不断由坡体前缘沿着基覆界面向坡体的中后部推移,水位不断上升,孔隙水压力逐渐增大。

大量研究结果表明,降雨对滑坡的触发作用是一个动态过程,主要表现在两个方面:一是降雨入渗削弱了边坡土体的力学特性，随着降雨强度和降雨历时的增大，边坡土体含水量、孔隙水压力、自重及剪应力增大，有效应力及抗剪强度减小；二是强降雨还会导致地下水水位发生变化，进而通过地下水对坡体应力场和岩（土）体强度的共同作用来影响边坡的稳定性。

1.2.2.2 地质灾害监测预警技术研究

地质灾害监测预警主要包括区域性气象预警和单体地质灾害监测预警两大类。区域性气象预警是通过对某区域历史降雨过程及实际诱发滑坡情况的统计分析建立基于临界雨量的统计（经验）预警模型，这是目前国际上研究最多、应用最广的预警方法。但气象预警只能作大范围趋势性和提示性预警，并不能对某一具体滑坡是否发生以及什么时候发生作出具体预警，其主要作用是指导强降雨过程发生前的地质灾害群测群防工作。单体地质灾害监测预警是指通过在某些危险性较大的滑坡隐患点安设专业监测设备，并通过对现场监测数据的实时分析处理，在滑坡发生前一定时间内发出警示信息，提醒受滑坡威胁人员主动避让撤离，以保证生命安全。

国内外地质灾害监测预警研究大体有以下两种类型：一类是以滑坡灾害的位移监测数据为基础，结合室内模型实验开展模型预报研究；另一类是以气象监测为基础，研究滑坡灾害的时空分布与降雨（降雨量、降雨强度和降雨过程等）的相关关系，建立灾害气象监测预警模型。两种研究途径侧重点不同，前者注重滑坡灾害的位移机理研究，后者强调滑坡灾害受外界触发因素影响（主要是降雨过程）的统计学研究。

目前国内外在滑坡监测技术、方法、手段上并无太大差距，专业仪器已成为常规设备，只是由于价格原因得不到普及；一些新技术如InSAR、三维激光扫描等能很快应用到滑坡监测领域；监测数据的采集和传输也都实现了自动化和远程化；监测和预警系统有向WebGIS发展的趋势。利用一个地区的滑坡易发区划或危险区划，结合降雨临界值，可以设定不同的预警级别，在区内布设一定数量的雨量站，监测雨量加上预报雨量，就可进行滑坡预警预报。国内外的区域性降雨型滑坡监测预警大体都是这个思路和做法，该方法在对公众进行警示方面起到了良好的效果。

国内已经有很多地区开始应用各种监测系统对灾害进行监测。通常情况下，地质灾害监测系统主要由专业监测系统、信息系统和群测群防系统构成。专业的监测系统应用全球定位、遥感、地表和深部位移监测等技术对滑坡和泥石流易发区域进行专业化的监测，能够对地面裂缝、倾斜程度、建筑物变形度等多种因素进行监控。当裂缝、倾角等变形速率较大或已进入加速变形阶段，布设于地面的传感器（如GNSS、裂缝计、雨量计等）和坡体内部的传感器（如钻孔倾斜仪、地下水水位计等），会对地表和内部的变形及其外在影响因素进行精准密集监测，并根据监测结果在实际灾害发生前发出预警信息，以保障受威胁人员的生命财产安全。目前，在地质灾害的地面和坡体内部的监测中，各种指标（位移、应力、含水量、水位、雨量等）的现场自动采集、监测数据的远程无线传输等技术均已成熟，难点在于对现场监测数据的分析处理以及根据监测数据对灾害的发生时间作出及时准确的预警预报。

斋藤法是国内外科研机构研究滑坡、泥石流等地质灾害监测预警的初始理论。该方法基于灾害区域的土壤地质结构，用于研究边坡的蠕变理论，并将土壤在滑坡等地质灾害中的变化趋势作为预测的主要因子（亓星等，2020）。Verhulst模型是由德国生物学家、数学家应用灰色系统理论所建立的应用于生物繁殖量的预测模型演变而成的滑坡时间监测预报模型（温文和吴旭彬，2005）。殷坤龙（2000）基于灰色系统理论，根据陕西旬阳地区的区域滑坡活动资料和黄龙西村滑坡位移监测资料，提出了滑坡灾害长期预测和短期临滑预报的综合预测预报的灰色模型。吴益平等（2007）根据滑坡位移时间序列单调增长的特殊性和非线性，运用响应成分模型将滑坡位移量分解成具有确定性的趋势项和具有不确定性的随机项，建立灰色-神经网络模型，对清江库区茅坪滑坡进行预测。

群测群防系统则是通过地方行政部门、专业技术部门共同组织和指导地区群众进行监测巡查。信息系统是应用灾害防治数据库、网络信息管理系统等对地质灾害信息进行管理和发布，以提供给政府行政部门作防灾减灾决策使用。例如三峡库区山体滑坡监测系统和云南东川蒋家沟泥石流综合实验观测系统都对该地区的地质灾害起到了良好的预警预报作用,也推动了滑坡、泥石流预警防治技术的发展。

针对地质灾害的气象预警技术主要体现在对各种数据的处理方面。例如国内研究比较多的信息模型法,即研究出滑坡中各因素的比重关系并采用具体的数学概率信息来加以明确。国内外的科研机构和学者通过大量的信息统计分析,认为滑坡、泥石流等地质灾害是由各种各样主观和客观的因素造成的。主观因素通常是指地质灾害区域本身的地质结构、地形地貌等,而客观因素通常是指外界降雨、人类对自然环境的影响等。这些因素对于某一地质灾害发生有一定的权重关系,只有把这些因素在灾害发生中所占的权重关系数据系统化,明确各因素在灾害中的主要作用和从属作用,才能在地质灾害预测中取得较高的精度。此外,随着非线性科学和计算机技术发展而兴起的元胞自动机模型、全球定位系统、地理信息系统都给地质灾害的监测预警技术发展提供了有效的技术支撑。

1.2.3 地质灾害气象预警模型研究现状

毫无疑问,预警模型研究及可靠性问题一直以来都是地质灾害气象预警的技术核心和研究热点、难点。现有地质灾害气象预警模型可以划分为三代:第一代隐式统计预警方法、第二代显式统计预警方法和第三代动力学预警方法。这三代预警方法虽然相互联系,但也有区别:每一代方法参考的因素和构建的模型本质上不同。前两代方法通过统计各种因素之间相互作用的关系进行预警,属于数理统计学模型;第三代方法则通过模拟灾害发生过程实现气象预警,大多应用于监测预警试验区或单体斜坡研究中,考虑斜坡地质体在降雨过程中的固液耦合作用和研究对象自身的动力变化过程,属于动力学模型。目前使用比较广泛的为第二代显示统计预警法。

1.2.3.1 第一代预警方法

2003年5月,以刘传正为首的研究团队创建了"临界降雨量判据图($a\sim\beta$)法"并开展国家级地质灾害气象预警工作。该方法根据致灾地质环境条件和气候因素,将中国划分为7个大区、28个预警区,利用灾害发生时前15d降雨量进行统计分析,分区建立了地质灾害预警判据,在每天收到中国国家气象中心发来的全国降雨预报数据和图像30min内,对所预报的次日降雨过程是否诱发地质灾害和诱发灾害的空间范围、危害强度进行预警。2004—2007年,将28个预警区细化为74个预警单元,增加灾害统计样本,完善预警判据,实现了基于GIS的自动化预警系统。

第一代预警方法"临界降雨量判据图($a\sim\beta$)法"以降雨量作为判据,抓住了气象因素诱发地质灾害的关键,但预警精度较低,且更新判据与提高准确性较受限制,自2006年开始研制第二代预警模式。

1.2.3.2 第二代预警方法

2007—2008年,以刘传正为首的研究团队继续研制了第二代国家级地质灾害预警系统。该系统立足于地质灾害区域预警"四度"评价理论,计算出全国的地质灾害区域"潜势度"并将其作为预警背景值,叠加降雨量实况和预报值参与二次计算,得出地质灾害区域预警结果,初步实现了临界过程降雨量判据(第一代系统的思想)与地质环境空间分析相耦合。

第二代预警模式纳入了大量地质环境信息(30个图层),在空间上提高了预警精度(1∶100万),在技术上实现了查询更新预警背景,及时反映最新地质环境背景"潜势度"。系统在2008年开展了试运行,2009年正式运行。

这种方法为了弥补第一代模型的短板,将触发地质灾害的内部因素和外部(降雨)因素等叠加起来综合考虑,建立环境因素与降雨因素联合起来的气象预警模型。

这种方法是根据地质灾害危险性区划与空间预测转化过来的,可以充分反映需要进行预警地区地质环境要素的变化,适用于地质环境模式比较复杂的大区域。

不过目前第二代显式统计预警模型方法对临界诱发因素如何进行表达、气象预警指标的选取与如何量化等问题没有定论。因此,目前采用的都是广义显式统计预警模型方法,主要包括6种模型方法。

1. Bayes 统计推理模型

该模型以滑坡事件危险性概率大小作为模型的先验信息,用降雨引发滑坡事件的概率大小修正概率,从而实现滑坡事件的气象预警,其模型如下:

$$T = \frac{1}{1+e^{\ln\frac{1-Y}{Y}-\ln\frac{H}{1-H}}} \tag{1-1}$$

式中:T 为预警指数;H 为滑坡敏感性引发滑坡发生概率;Y 为降雨引发滑坡发生概率,均无量纲。

2. 地质灾害致灾因素的概率量化模型

该模型以研究区域内单位面积出现地质灾害危险的概率(H)为基础,与降雨因子诱发地质灾害事件发生的概率(Y)大小进行耦合,得出某片区域内会因为降雨因子而导致地质灾害事件发生的概率。具体模型如下:

$$T = \alpha H + \beta Y \tag{1-2}$$

式中:T 为预警概率;H 为滑坡敏感性引发滑坡发生概率;Y 为降雨引发滑坡发生概率;α、β 为概率相对应的权重系数,均无量纲。这种模型在目前地质灾害气象预警中应用比较广泛。随着新的地质灾害的发生,滑坡发生概率(H)处于不断变化中,尽管系统模型中易发区综合因素是固定的,但这种模型可以实现对地质环境背景因子和降雨因子权值的重新分配,通过不断训练模型,可对模型进行动态更新,进而提高预警精度。

3. 归一化方程预警分析模型

该模型(也称为短时临近预警分析模型)是基于不同预警分析单元的地质环境背景、人类活动背景、地质灾害易损性评价结果和近年来灾情发生频度及势能释放程度要素,通过归一化方程建立起来的。它可抽象为式(1-3)~式(1-5):

$$T = G + R - L > T_i \tag{1-3}$$
$$R = R_p + R_f \tag{1-4}$$
$$T_i = G_i + R_i - L_i \tag{1-5}$$

式中:T 为预警概率;G 为地质背景触发地质灾害的概率;R 为降雨触发地质灾害的概率;R_p 为总雨量,单位为 mm;R_f 为预报雨量,单位为 mm;L 为前期消耗指数;T_i、G_i、R_i、L_i 为对应概率临界指数,均无量纲。此模型不仅考虑了地质背景环境条件 G 和降雨因素 R 的影响,而且还考虑了前期地质灾害发生损耗指数 L 的影响,适用于广东省及类似的东南沿海省份中受台风或局地强对流天气影响明显的区域,为即雨即滑型地质灾害预警模型。

4. 地质灾害预报指数法

该预警方法主要通过考虑降雨和地震触发地质灾害的影响程度来实现气象预警,适用于地震多发区或降雨频繁区,具体模型如下:

$$W = \begin{cases} K \cdot R \cdot Z \cdot Y & (M < Y) \\ K \cdot R \cdot Z \cdot M & (M > Y) \\ K \cdot R \cdot Z \cdot (Y+1) & (M = Y) \end{cases} \tag{1-6}$$

式中:W 为地质灾害预报指数;K 为周期系数;R 为人类活动扰动系数;Z 为灾害易发程度指数;Y 为降雨作用系数;M 为地震作用系数,均无量纲。

5. 降雨量等级指数法

该预警方法是利用前 10d 的降雨数据及未来 1d 的预报数据,结合研究区内部环境因素等进行预警的,具体模型如下:

$$A = X_1 + X_2 \pm D \tag{1-7}$$

式中:A 为预警等级;X_1 为前 10d 降雨数据指数;X_2 为未来 1d 预报降雨指数;D 为环境影响修正指数,均无量纲。此方法比较适用于连续降雨,并在热带风暴(台风)的影响下经常发生强降雨过程的东南沿海地区。

6. 气象-地质环境要素叠加统计法

该预警方法是参考专家的经验,或使用运筹学、模糊数学、机器学习或深度学习的方法等,对研究区进行滑坡空间评估,结合 GIS 技术,建立实时气象预警系统,并利用这个分析系统,叠加因子图层,最终得到滑坡等灾害气象预警评价图。

1.2.3.3 第三代预警方法

第三代预警方法是动力预警方法,这种方法是在考虑气象-地质因素耦合作用的基础上,即在显式统计预警方法的基础上,把研究对象本身的动力变化过程加进来而建立预警判据模型,它实质上是利用 GIS 技术把单体灾害的分析方法应用到区域地质灾害中的一种解析方法,并且建立的分析模型是确定性分析模型,能够描述斜坡体内在降雨前后、降雨过程中地下水动力变化情况与斜坡体的状态及稳定性间的对应关系,较好地反映了斜坡体在降雨作用下的形成机制。Collison 等(2000)通过 GCM 模型对未来降雨量进行了预测,在 GIS 的支持下,运用无限斜坡稳定性分析模型和水文模型,得到了气候变化情况下滑坡发生频度与范围的影响模型。兰恒星等(2003)根据无限斜面模型,假定坡体的滑动面、地下水水位均与地表平行,地下水通过水文模型分析得到的地表径流补给,并通过一定的简化来计算边坡在滑体重力、渗透压力、静水压力三者共同作用下的稳定性安全系数。谢谟文等(2005,2007)通过斜坡的三维极限平衡理论和基于微分柱体的三维斜坡稳定分析模型,建立了基于 GIS 的三维斜坡稳定性分析模型,并假定椭球体的下部分为滑坡体的初始滑动面,Monte Carlo 可以随机模拟并搜索斜坡的最危险滑动面。丛威青等(2008)将无限斜坡稳定性分析模型与瞬时降雨入渗理论耦合在一起,建立了基于非饱和渗流理论的预警模型,实现了动态预测区域降雨型地质灾害的发生与发展过程,为区域地质灾害预警研究提供了一条更为精确的定量化分析方法。

总体而言,动力预警方法主要是把单体灾害的确定性评价方法(极限平衡方法、数值模拟技术)应用到基于 GIS 的区域地质灾害评价中来,虽然此方法克服了数理统计学模型的缺点,但是这种预警模型目前还处于探索阶段,理论与技术等方面还不成熟,在实际应用中存在较大的限制。

1.2.4 地质灾害气象预警判据研究现状

关于滑坡预警预报判据的研究,当前国内外学者主要从滑坡演化信息与主控因素角度建立滑坡启滑失稳判据。许强等(2009)认为基于滑坡演化信息的预报判据包括滑坡变形速率与变形加速度、位移剪切角、滑坡边界轨迹分维度等。伍法权和王年生(1996)基于滑坡变形速率进行的滑坡失稳预报相对简单直观,在滑坡预报中得到了广泛应用。Segalini 等(2018)主要针对变形速率的倒数开展滑坡启滑失稳预报研究。Intrieri等(2019)认为滑坡变形及演化信息受滑坡地质结构与外动力作用等因素作用,滑坡启滑失稳临界变形速率与加速度等因滑坡而异,不同滑坡之间存在一定差异性,难以形成统一判据标准。围绕基于主控因素的滑坡预报判据,当前国内外研究主要集中在动水响应型滑坡预报判据方面,提出了临界降雨强度(吴树仁等,2004)、动力增载位移响应比(贺可强等,2015)等启滑预报判据。不难看出,目前滑坡预报判据多根据数理统计或专家经验建立。虽然已从多个角度建立了预报判据,但由于滑坡演化及其力学过程复杂,仍未形成系统的判据体系。

降雨诱发滑坡是地质灾害领域研究与管理的重点问题之一。国内外学者对降雨诱发滑坡进行了系列研究,主要集中在滑坡发生时的降雨强度阈值和降雨持续时间的临界值方面。

大量理论和实践证明,当过程降雨量或降雨强度达到或超过其临界值时,滑坡等灾害就会成群出现,但是不同滑坡并不存在统一的阈值,由此给阈值预警带来困难。因此,针对降雨型滑坡的预警判据开展研究,大致分为两个方向:一是从降雨对滑坡的作用机理进行分析,重点研究滑坡的降雨入渗、岩土(体)失稳等过程,最终基于物理模型得到滑坡的降雨临界阈值。该方法由于受到各种物质条件和研究水平的影响,需要大量的监测数据,并且需要专业人员进行系统推导才能得到结论,且研究结果往往只能应用于某一个特定的滑坡。二是基于历史滑坡信息以及降雨数据进行统计分析,得到经验性的降雨阈值。该方法不需要进行严格的公式推导与复杂的力学物理知识,且其数据获取方法简单、客观,因此该方法受到广大研究人员的喜爱,应用较成熟。

对诱发滑坡的历史降雨事件进行统计,将其降雨强度、历时、前期有效降雨等条件描绘在笛卡尔坐标或者半对数坐标中,最后拟合出这些数据点的下边界,得到的幂指数曲线或者线性线就是经验性下限降雨阈值。现阶段主流的经验性降雨阈值模型有3种:一是累计降雨量-降雨历时(E-D)关系阈值;二是累计降雨量-降雨强度(E-I)关系阈值;三是降雨强度-降雨历时(I-D)关系阈值,而降雨强度-降雨历时(I-D)阈值又是经验性降雨阈值中研究最多、应用最广泛的一种。国内外的学者利用经验性方法对全球各个地方的降雨阈值进行了研究,取得了较大的成果,得到了不同地方的降雨阈值函数(表1.1)。

表1.1 国内外部分地区的滑坡降雨临界值(据唐亚明等,2012)

序号	研究地区	降雨临界值及表达式	研究方法/统计方法	文献
1	日本	$I=2.18D^{-0.26}$,I为降雨强度(mm/h),D为降雨持续时间(h)	样本统计法,统计2006—2008年日本发生的1174起滑坡	Hitoshi et al.,2010
2	意大利	$I=7.74D^{-0.64}$,I为降雨强度(mm/h),D为降雨持续时间(h)	贝叶斯统计法和频率分析法	Brunetti et al.,2010
3	尼泊尔喜马拉雅山地区	$I=73.90D^{-0.79}$,I为降雨强度(mm/h),D为降雨持续时间(h)	样本统计法,统计喜马拉雅山地区193处与降雨相关的滑坡I与D的关系	Dahal et al.,2008
4	中欧、南欧地区	$I=9.40D^{-0.56}$;$I=15.56D^{-0.70}$;$I=7.56D^{-0.48}$,I为降雨强度(mm/h),D为降雨持续时间(h)	贝叶斯统计法	Guzzetti et al.,2007
5	美国华盛顿西雅图地区	$I=82.73D^{-1.13}$,I为降雨强度(mm/h),D为降雨持续时间(h)	样本统计分析	Godt et al.,2006
6	意大利西北部	$I=19D^{-0.50}$,I为降雨强度(mm/h),D为降雨持续时间(h)	数理统计、样本分析	Pietro,2004
7	委内瑞拉	250mm/(24h)	样本统计分析	Wieczorek et al.,2001

续表 1.1

序号	研究地区	降雨临界值及表达式	研究方法/统计方法	文献
8	新西兰北岛地区	$r_{a0}=r_1+2^d r_2+3^d r_3+\cdots+n^d r_n$。其中 r_{a0} 表示滑坡发生前期雨量(mm);d 为一常数,指表层水的流出量;r_n 表示滑坡发生前第 n 天的降雨量(mm)	前期降雨量模型	Glade et al.,2000
9	西班牙略夫雷加特河流域	两种模式:若无前期降雨,则临界值为 190mm;若前期为中等降雨强度,则临界值为 200mm	采用雨量计分析降雨记录与滑坡发生的关系	Jordi 和 Jose,1999
10	埃塞俄比亚	引入累积降雨量与平均降雨量的比值因子 L_f,若 L_f 处于 15%~30%,则滑坡变形迹象明显,若 L_f 大于 30%,则发生滑坡	样本统计分析	Ayalew,1999
11	波多黎各	$I=91.46D^{-0.82}$,I 为降雨强度(mm/h),D 为降雨持续时间(h)	样本统计分析	Larsent 和 Simon,1993
12	美国旧金山海湾地区	Caine 关系式:I_0 为 4.49mm/h,Q_c 为 13.65mm;Cannon-Ellen 关系式:I_0 为 6.86mm/h,Q_c 为 38.1mm;Wieczorek 关系式:I_0 为 1.52mm/h,Q_c 为 9.00mm;I_0 为整个降雨过程的平均排水速率,Q_c 为含水量临界值	土体力学强度与降雨两者耦合分析	Keefer et al.,1987
13	巴西	使用"最终系数"$Cf=Cc+Ce$ 来预警,其中 Cc 为当年所有前期降雨量的累加值与年平均降雨量的比值;Ce 为本次降雨期间的雨量与年平均降雨量的比值。巴西 Caragua—tatuba 地区 Cf 临界值取为 1.56	样本分析法,通过分析滑坡记录与降雨资料关系建立统计关系	Guidicini 和 Iwasa,1977
14	浙江省	使用阈值线 $P_0=140.27-0.67P_{EA}$ 判断,降雨在该阈值线以上时将会发生滑坡。式中 P_0 为日降雨量,P_{EA} 为前期有效降雨量	建立累积滑坡频度-降雨量分形关系计算前期有效降雨量	李长江等,2011
15	浙江省	非台风区:当日降雨量阈值高易发区为 60mm,中易发区为 130mm;有效降雨量阈值高易发区为 150mm,中易发区为 225mm。台风区:当日降雨量阈值高易发区为 90mm,中易发区为 150mm;有效降雨量阈值高易发区为 125mm,中易发区为 275mm	相关性分析,幂指数有效降雨量模型	谢剑明等,2003
16	陕北黄土高原地区	降雨诱发黄土崩滑可概化为 3 种模式:一是缓慢下渗诱发型;二是入渗阻滞诱发型;三是入渗贯通诱发型。第一种模式的滑坡发生概率可由 Logistic 模型判断:$$P=\frac{\exp(-3.847+0.04r+0.043r_a)}{1+\exp(-3.847+0.04r+0.043r_a)}$$ 第二种模式的临界值为 10.1~20.0mm;第三种模式的最小临界值是 0.1~10.0mm,最大临界值是 50.1~60.0mm	二项 Logistic 回归分析法,相关性分析法	Tang et al.,2010

续表 1.1

序号	研究地区	降雨临界值及表达式	研究方法/统计方法	文献
17	陕西黄土高原	诱发滑坡的降雨启动值、加速值、临灾值分别为25mm、35mm、65mm，诱发崩塌降雨启动值、加速值、临灾值分别为15mm、30mm、50mm	样本统计分析和日综合雨量方法	李明等,2010
18	三峡地区	$P=\dfrac{\exp(-3.847+0.04r+0.043r_a)}{1+\exp(-3.847+0.04r+0.043r_a)}$ P为滑坡发生概率，r为当日降雨量，r_a为前期有效降雨量	Logistic回归模型法，前期有效雨量法	李铁锋和丛威青,2006
19	三峡库区	临界降雨量变化范围大致在100~200mm/d，其中，降雨量在100mm/d可能开始诱发滑坡，而在200mm/d则必然诱发大量滑坡	样本统计分析	吴树仁等,2004
20	闽西北	日降雨量≥200mm及过程降雨量≤250mm时，地质灾害的群发性特征表现突出	对一次性强降雨天气后灾点稳定系数变化关系进行相关统计	黄光明,2010
21	四川省沐川县	单体滑坡启动参考值：降雨量Q≥40mm（2005年类比法预测值），Q≥30mm（2007年实测值）；群体滑坡启动参考值：Q≥100mm（2005年类比法预测值），Q≥70mm（2007年实测值）	概率统计关系	乔建平等,2009
22	广东省德庆县	前5d总降雨量>60mm	灾点降雨量值统计	王文波等,2009
23	深圳市	有效降雨量>220mm	应用偏相关分析方法	高华喜和殷坤龙,2007
24	四川省雅安市	$R=R_L+0.62R_{L3}+84.4$。当R≥时，滑坡有可能发生；当R≤时，滑坡基本不会发生。式中：R_L为滑坡发生当日降雨量；R_{L3}为滑坡发生前3d累计降雨量	利用逻辑回归模型	李媛和杨旭东,2006
25	江西省	8个滑坡监测点，其中某点预警值为≥253mm/24h；某点为≥67mm/24h；其余各点预警值为≥100mm/24h	降水与滑坡稳定性试验研究	魏丽等,2006
26	陕南地区	暴雨强度达到50mm或日综合雨量达到75mm滑坡启动	样本统计关系曲线	王雁林,2005
27	湖北省西部山地	划分为3个区域，竹山、竹溪、郧西、南漳等12个县市降雨临界值为54mm；秭归、兴山、巴东、宜昌等9个县市降雨临界值为35mm；恩施、建始、鹤峰等8个县市降雨临界值为39mm	样本统计	王仁乔等,2005
28	重庆市	当日降雨量>25mm	样本统计	马力等,2002

Campbell(1974)在研究加利福尼亚地区滑坡问题时首次提出发生滑坡时的临界累计降雨量的概念。Caine(1980)通过整理世界范围内 73 个由降雨诱发的浅层滑坡和泥石流案例，绘制降雨强度和降雨历时散点图，并对其进行拟合，将拟合后的曲线作为滑坡或泥石流的降雨阈值，即 I-D 阈值曲线，得到了学术界的广泛认同，并被广泛应用于工程实践。Glade 等(2000)首先将有效降雨量的概念引入降雨诱发滑坡的预报预警中，将滑坡当日降雨量与前 15d 有效降雨量结合，确定诱发滑坡的降雨阈值。到 21 世纪，针对降雨阈值的研究得到了高度重视。Cardinali 等(2006)基于前期降雨模型，研究滑坡与降雨的相关性，得到降雨型滑坡的预警模型。Rosi 等(2016)通过收集到的全国范围内 892 个滑坡数据和来自 51 个雨量计的降雨数据建立了斯洛文尼亚降雨诱发型滑坡的降雨强度-历时(I-D)阈值模型，同时又以主要河流流域为界将全国划分为 4 个区域并且分别建立了阈值模型。

相比国外的研究，国内起步较晚，随着我国基础数据的不断完善，在降雨阈值的研究上也有了一些成果。王兰生等(1982)在分析了大量的资料后认为四川盆地地区日降雨量阈值为 200mm/d。张年学(1993)在渝东北地区的云阳和奉节研究中，不仅采用了日降雨量阈值，还采用了累积降雨量来界定降雨和滑坡的关系。张珍等(2005)分析了重庆市 577 例历史滑坡与降雨之间的关系并指出，如果为暴雨，当天内有可能发生滑坡，滑坡的发生还与滑坡发生前 4 天内的降雨有密切关系。陈剑等(2005)基于三峡库区的 112 个滑坡、降雨建立滑坡-降雨数据库，结合三峡库区地形地貌、地质构造和岩性组合等特征，确定最大 24h 雨强是三峡库区滑坡诱发的重要影响因子。陈静静等(2014)基于 1980—2007 年湖南 97 个常规观测站每 12h、逐日降雨量资料和同期发生的地质灾害及湖南灾害大典记录的地质灾害信息，引入合理的判别系数，判定了致灾的不同降雨类型，从而得出了不同降雨型地质灾害的阈值。

由上可知，不同地域气候差异明显，触发滑坡发生的雨量存在差异，因此，需针对研究区及其分区进行降雨阈值与预警判据研究。

1.2.5 地质灾害气象预警系统研究现状

2006 年，国土资源部"金土工程"通过建立地质灾害预警预报及应急指挥系统，经过 6 年三期工程建设，形成"天上看，地上查，网上管"的管理运行体系，为及时、科学地预警、预报地质灾害提供信息技术支撑，提高对突发性地质灾害的应急能力。将人工神经网络(ANN)与 GIS 结合构建滑坡(泥石流)灾害预报系统是地质灾害领域的一个重要发展方向。飞速发展的计算机技术及其推广应用，以及 20 世纪 60 年代开始兴起的地理信息系统(GIS)，为地质灾害的信息化和可视化分析开辟了重要的新思路。

李长江(2003)提出的 SPV-ANN(人工神经网络)与 GIS 结合的滑坡(泥石流)灾害概率预报系统(LAPS)是世界上第一个基于 ANN 和 GIS，可对未来 24h 滑坡(泥石流)发生概率按 1km×1km 的空间分辨率进行实时预报的系统。该系统于 2003 年在浙江投入运行。

殷坤龙等(2003)在 Web-MapGIS 的基础上，根据浙江省地质灾害大调查和补充调查资料建立了浙江省突发性地质灾害预警预报系统，实现地质环境和地质灾害空间信息的集中管理、远程浏览查询、信息共享等功能。

Wang 和 Sassa(2006)等采用在 GIS 上运行的反馈神经网络(BPNN)对日本九州岛南部 Minamata 地区假设的一次强降雨进行滑坡发生的概率预报。

周平根等(2007)利用 WebGIS 技术开发了雅安市地质灾害预警预报信息系统，集成了空间数据和属性数据，实现了二维地图的基本功能，可对降雨数据进行管理与分析，实现灾害敏感性评价。

王威等(2009)在研究利用 TIN 方法建立地质体模型的基础上，将自动获取的监测数据通过北斗卫星的传输和三维地质体模型有机结合，进一步利用基于时间序列的方法，对监测数据进行预测分析，形成了一套完整的三维滑坡灾害预警系统，并提供剖面分析等实用 GIS 分析工具，从而提高滑坡灾害预警的快速性和直观性。

黄健(2012)基于3D WebGIS技术开发了地质灾害监测预警与决策支持系统,构建一套综合管理平台,综合管理各类空间地理数据与属性信息,集成海量地质灾害数据,基于Virtual Earth二次开发三维展示平台,实现真实三维漫游等。

王佳佳(2015)在综合三峡库区地质灾害稳定性评价、危险性区划、风险分析及滑坡灾害预警的基础上,开发了基于WebGIS和四库一体技术的滑坡灾害预测预警系统。

饶传新(2014)对诱发宜昌地区地质灾害的气象成因加以分析,确立宜昌市地质灾害气象预警模型。在此基础上,以先进的气象监测、预测手段,结合本地地质条件分析研究成果,运用基于Web发布的地理信息系统MapGIS,使用Tomcat和JSP网站制作方法,建立基于WebGIS的地质灾害气象预警服务系统,实现地质灾害相关的气象预警信息的实时处理、发布、显示和查询等功能。

姚佩超和杨志强(2016)采用GNSS构建地质灾害实时监测与预警系统,由电脑客户端、Web端和手机APP构成,实现对地质灾害自动化的实时监测与预警。

何朝阳等(2018)综合研究安徽省黄山市地质灾害易发性分区及降雨临界值结果,基于ArcGIS平台开发了安徽省黄山市区域地质灾害自动预警系统。该系统能够快速有效地实现以乡镇为单位的地质灾害预警,完成多因素影响下的区域地质灾害自动精细化预警。

冯杭建等(2009)提出了基于WebGIS的新一代突发性地质灾害预警信息网络发布框架(NEW),由灾害预测系统、WebGIS系统和监测及地质灾害信息获取系统三部分组成,建立了浙江省滑坡地质灾害预报预警信息网络发布系统(LAPS~IMS)。

杨强根等(2021)引入领域模型,将系统拆分为许多业务功能单一的、以独立的进程运行在OpenShift容器云平台的容器中的微服务,设计并构建了基于微服务架构的地质灾害预警预报系统,具备稳定性高、横向拓展能力强以及计算能力强的优点。

这些研究为地质灾害预警系统的开发提供了宝贵的经验,但是由于受技术和条件的限制,建立的系统也存在着一些不足,主要问题有:①目前国内还鲜有应用神经网络进行地质灾害概率的预报,预报的准确性普遍偏低。预警预报系统侧重于灾害信息的组织和管理而不是预警预报。②地质灾害预警预报信息不足,无法实现灾害区的准确定位。目前地质灾害预警预报信息主要通过图片和文字的方式在互联网上发布,形式单一,缺乏可视化表达手段,空间定位准确度差。③公众参与度差,缺乏交互性。由于发布的信息简单,无法进行查询、地图缩放、空间分析等交互性操作,灾情信息也无法得到有效反馈。④系统设计和运行往往局限于部门内部,难以与其他部门(如气象、水利、农业等部门)真正地实现信息实时共享和联动,使系统对灾害的预警敏感度低,处理比较迟钝。

1.3 地质灾害气象预警研究的发展趋势

围绕地质灾害气象风险预警问题,国内外学者开展了大量研究工作并取得了重要进展,但依然存在一系列需突破的理论与技术瓶颈,如:①滑坡预警区划及其气象预警判据研究,需要分区、分类、分层次构建预警模型,确定雨量阈值,其工作量和难度很大。体现在:我国幅员辽阔,不同区域、不同类型的地质灾害都具有不同的特点,区划研究中对地质分区的重视不够,应当基于地质环境条件的复杂程度进行分区;滑坡降雨阈值和发生概率的研究往往是针对整个研究区域,并没有考虑其中的地质条件差异性;研究中获取的滑坡数据和降雨数据精度需进一步提高等。②我国大陆开展系统性雨量监测的时间较短,再加上气象和地质灾害分属不同部门管理,条块分割和信息不共享导致对历史降雨和地质灾害数据的积累都很少,缺乏足够的用于构建统计预警模型的资料和数据。③相关管理部门对地质灾害预警工作重视不够,同时,资料数据与研究工作相分离,具有较强研究能力的科研院所未掌握相关资料和数据,而掌握资料和数据的行政管理部门和业务部门又不具备足够的研究能力,从而导致相关工作难以持续深入开展。

近年来,我国相关部门和地方政府每年投资上百亿元,实施地质灾害专业监测预警工程,使监测预警行业变得异常"火爆"。目前全国从事地质灾害专业监测预警仪器研发和项目实施的单位与企业可能达成百上千家,从业人员可能已达数十万乃至上百万人。在巨大的利益驱动下,还有不少企业不断涌入地质灾害监测预警行业。国家重视、全民关注、企业介入对我国防灾减灾救灾事业来说,无疑是一件大好事。但地质灾害防治尤其是监测预警是一个非常专业的领域和行业,也是一个非常复杂且目前仍处于摸索阶段的工作。不同滑坡并不存在统一的预警阈值,但又很难获知每个滑坡的预警阈值。目前常用的阈值预警方法误报、漏报率较高,"阈值预警法"虽然在我国的防灾减灾工作中取得了显著的成效,但随着监测点的不断增多,其较高的误报、漏报率可能会对人们生产生活造成干扰,并产生"狼来了"的负面影响,应研究和寻求新的滑坡预警方法。监测仅是手段,预警才是目的。不仅要重视滑坡的监测工作,更应高度重视预警工作,且应同时加强区域性气象预警和单体滑坡预警工作。目前常用的阈值预警方法误报、漏报率较高,应将预警的重心转移到对历史数据的统计分析和基于变形、地下水水位、雨量等关键指标的预警模型和判据研究,采用学科交叉、部门联合的方式实行攻关,由浅入深,先易后难,采取由面到点的预测预报途径,据此提高滑坡预警的准确性和实用性。

1.4 黄冈市地质灾害气象预警工作现状

目前,黄冈市主要依托省级地质灾害气象风险预警平台进行预警工作,市本级开展的预警工作包括专业监测预警、气象预警、灾情上报系统3个方面,具体如下:

(1)专业监测预警。自2018年黄冈市地质灾害综合防治体系建设以来,黄冈市分4期建设完成320处地质灾害专业监测点,所有专业监测点的专业监测数据均通过互联网信号接入黄冈市地质灾害应急中心监测平台并网运行。黄冈市地质灾害应急中心平台集成了专业监测预警数据,初步形成了地质灾害专业能力,并将继续推进地质灾害隐患点专业监测建设。

(2)气象预警。黄冈市自然资源和规划局与黄冈市气象台在每年汛期联合开展地质灾害气象预警工作,以发布地质灾害防御重大气象信息安全专报形式开展地质灾害气象预警。专报中对降雨范围、降雨强度、降雨量、地质灾害在县域尺度的预警进行信息发布。

(3)地质灾害灾情上报系统。黄冈市自然资源和规划局、湖北省地质局第三地质大队在2019年开展建设地质灾害灾情上报系统,实现了地质灾害"一张图"展示,研发了灾情上报APP小程序(图1.2、图1.3),融合了监测预警、地质灾害巡排查、灾情速报等模块,实现了四位一体网格化体系信息化,为黄冈市地质灾害精细化气象风险预警系统实现移动客户端使用奠定了坚实的基础。

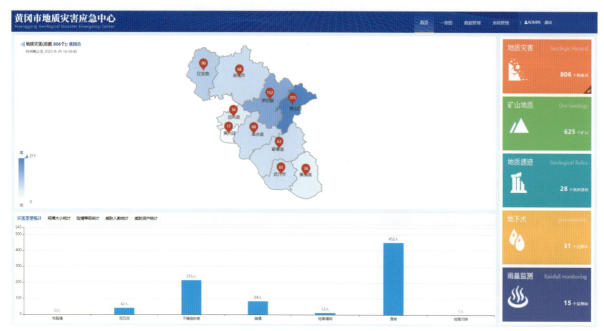

图 1.2　灾情上报系统 PC 端

图 1.3　灾情上报 APP 小程序登录界面

第 2 章　黄冈市地质环境与地质灾害

黄冈市位于湖北省东部,大别山南麓,长江中游北岸,地理坐标为东经 114°25′—116°8′,北纬 29°45′—31°35′,北接河南,东至安徽,南与鄂州、黄石、九江隔江相望,西与孝感、武汉接壤,是武汉城市圈的重要组成部分。现辖七县(红安、罗田、英山、浠水、蕲春、黄梅、团风)、二市(武穴、麻城)、黄州区、龙感湖管理区、黄冈高新区、黄冈临空经济区、白莲河示范区,版图面积 1.74 万 km^2,总人口约 737 万人。境内依傍 1 条黄金水道(长江),紧邻 3 座机场(武汉天河机场、鄂州花湖机场、九江机场),贯通 7 条铁路(京九铁路、合九铁路、沪汉蓉快速铁路、武麻铁路、新港江北铁路、武汉城际铁路、黄黄高铁),飞架 7 座长江大桥(鄂黄大桥、黄石大桥、九江大桥、鄂东大桥、黄冈长江大桥、燕矶大桥和九江二桥),纵横 8 条高速公路(沪渝高速、福银高速、大广高速、武英高速、武麻高速、麻竹高速、黄鄂高速、麻阳高速),具有"承东启西、纵贯南北、得天独厚、通江达海"的区位优势(图 2.1)。

2.1　区域地质环境条件分析

2.1.1　气象水文条件

黄冈市属亚热带大陆性季风气候,江淮小气候区。四季光热界限分明。全市日照率在 43%~49% 之间。年均气温为 15.7~17.1℃。全年无霜期为 237~278d。年均降雨量为 1223~1493mm,年降水总量 222.37 亿 m^3,降雨日数(≥0.1mm·d)在 115~147d 之间。因此,全市光照丰富,雨量充足,但气候要素分布不均匀,也常有洪涝、干旱等灾害。

全市河流湖泊纵横交错,水洼港汊星罗棋布。全市大中型水库 49 座,各类水文站点 214 个,监测全市的降雨量、蒸发量、水位、流量、泥沙、水温、土壤墒情等水文要素。有"黄金水道"之称的长江流经团风、黄州、浠水、蕲春、武穴、黄梅 6 个县市区南沿,总长 189km。举水、倒水、巴河、浠水、蕲水和华阳河等六大水系,均自北向南流经本市汇入长江。龙感湖、赤东湖、武山湖、太白湖、策湖、望天湖等天然湖泊,白莲河水库、牛车河水库、浮桥河水库、金沙河水库等水面广阔,形成全市"七山一水二分田"的格局。

由上可知,黄冈市全域气象水文条件较复杂,分布不均匀的特点明显,这必然导致地表各类地质灾害发育与分布状况差异大,因此,降雨型滑坡灾害的孕育分布必定与气象水文要素中温差大、雨量大、地表流水大等的区域相对应。

图 2.1 黄冈市交通地理位置

2.1.2 地形地貌条件

黄冈市境内地势北高南低,形成自北向南逐渐倾斜的梯级地形结构,东北部为高山区,中部为丘陵岗地区,南部为平原湖区(图2.2)。东北部由于大别山的隆起而构成了长江、淮河两大水系的分水岭。其中,红安、麻城、罗田、英山、浠水、蕲春等县市的东北部区域为大别山脉,山峦连绵、山峰突起,海拔多在1000m以上,山脊呈北西-南东走向,有海拔1000m以上的高峰96座,位于罗田、英山的天堂寨主峰海拔1729m,为全市最高点;大别山总体为低山丘陵区,海拔多为500~800m。黄冈中部为丘陵区,海拔多在300m以下,高低起伏,谷宽丘广,冲、垄、塝、畈交错;发育面积不等的山间盆地和河谷平地,出现河谷冲积平原与丘陵岗地错落交叉的地貌景观。南部为长江冲积平原,海拔高度在10~30m之间,最低点海拔9.6m,多湖泊分布。

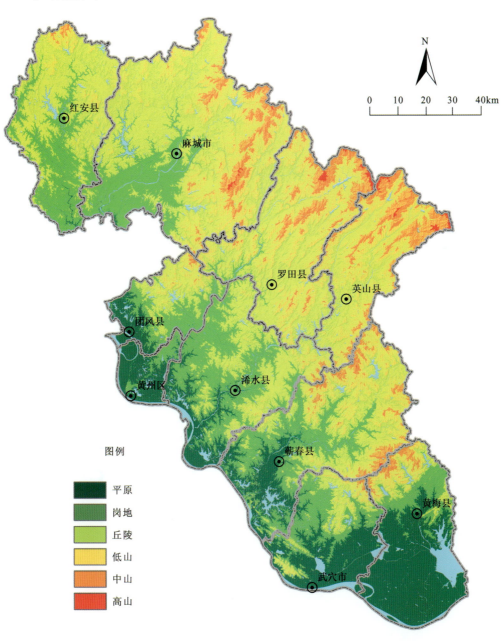

图2.2 黄冈市地形地貌简图

2.1.3 地层岩性条件

黄冈市属秦岭地层区的东延部分,地层出露比较齐全,自太古界至新生界均有分布。总体以太古宙、元古宙、古生代变质岩系为主,大面积分布于黄梅、黄州、浠水、团风等地以北的秦岭褶皱系地区;中生代及新生代地层主要出露在区内南端和麻城市西南地区。根据各时代地层对地下水的赋存、分布所起的控制作用,可归纳为如下4个地层组合。

(1)古元古界—下震旦统(Pt_1—Z_1)。区内北部和东部地区广泛分布,为浅到中—深区域副变质岩,含水透水性极差。大别山群和红安群中发育的断裂破碎带,富含裂隙承压地热流体。

(2)志留系—下石炭统(S—C_1)。黄冈市的志留系为浅变质碎屑岩层,厚454~1966m,透水性极差,起区域隔水隔热作用。主要分布在武穴、黄州等地。

(3)白垩系—新近系(K—N)。为山间断陷盆地陆相碎屑岩层,厚度不详。白垩系—新近系隔水隔热,为下伏热水含水层的良好盖层。其中砂岩夹层或穿插于其间的玄武岩体富含裂隙水及空洞裂隙水,积聚热能,常形成次生热储。主要出露于蕲春、武穴、麻城。

(4)第四系(Q)。分布于长江、巴河等河流及小河两岸之漫滩及阶地上,厚7~75m。第四系富含孔隙潜水及承压水,在沟谷或河床中泄露的地热流体受到第四系孔隙冷水和河水的混合,致使热水温度变低,水质变淡,泉水位置也不固定。

黄冈市是湖北省内岩浆岩最为发育的地区,以燕山期花岗岩类为主,还有扬子期、加里东期的侵入岩。火山活动形成的喷出岩在黄梅、黄州等地区亦有少量分布。

2.1.4 地质构造条件

黄冈市是大别山断块的一部分,地处大别山复背斜,核部为大别群,翼部为红安群,组成北西-南东向的基底褶皱(图2.3)。该区与本省其他前寒武纪变质岩分布区相比,有较独特的地质构造。黄冈市地壳不仅经历了前寒武纪剧烈变动,而且在中生代曾剧烈"活化",新生代以来继续活动,北北东向、北东东向构造叠加于老的北西向构造之上。岩浆活动和混合岩化作用强烈而普遍,断裂密集,导致地壳中的热流密度和地温梯度值均普遍高于省内其他变质岩区。

在大地构造上,黄冈市处于秦岭褶皱系桐柏-大别中间隆起大别山复背斜之次级构造——浠水褶皱束(四级构造单元)中。该褶皱束展现在浠水—蕲春—英山一带,其总体形迹是:在浠水以北,背、向斜轴线均向南凸出以致形成一个弧形构造带(关口弧形构造带);在浠水西南,褶皱呈北西向至北北西向展布;褶皱束南缘,形成白垩纪红盆。按地质力学的观点,本区处于淮阳山字形构造前弧西翼内侧,受区域构造影响,境内主要构造线方向为北西向、北北西向、近东西向,其中以北西向和近东西向构造线为主。

2.1.5 工程地质条件

根据境内岩(土)体类型、结构及岩性组合,区内岩(土)体可划分为以下4类。

(1)第四系松散岩类。该类包含的地层岩性,主要为第四系(Q)冲洪积、残坡积及崩积的黏土、粉质黏土、碎石土、砂砾(卵)石、泥砾。主要分布在河谷地带、山间洼地和缓坡地带。厚度不均,一般为1~10m。土体松散,力学强度低。黏土、粉质黏土具塑性,遇水易软化,局部地段分布的黏土具胀缩性。

第 2 章 黄冈市地质环境与地质灾害

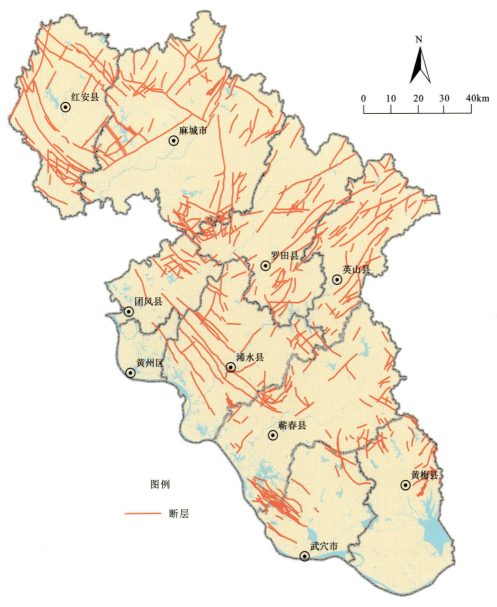

图 2.3 黄冈市地质构造状况

(2) 块状较软弱碎屑岩类、片状软弱变质岩类。该类包含的地层岩性主要为元古宙、太古宙片岩,古近系(E)为半固结砂砾岩,软弱—较软弱,抗风化能力弱,力学强度较低。

(3) 块状较坚硬变质岩类。主要包括元古宙、太古宙白云钠长片麻岩、斜长片麻岩等,中风化,较坚硬。

(4) 块状坚硬岩浆岩岩类、沉积岩类。该类岩性为大别-吕梁期侵入岩,岩性由酸性二长花岗岩、斑状二长花岗岩、混合花岗岩及基性岩组成,坚硬块状。抗风化能力较强,力学强度较高。此外,白垩纪紫红石英砂岩、粉砂岩及细砂岩的力学强度也较高。

各工程地质岩组主要分布区域如图 2.4 所示。

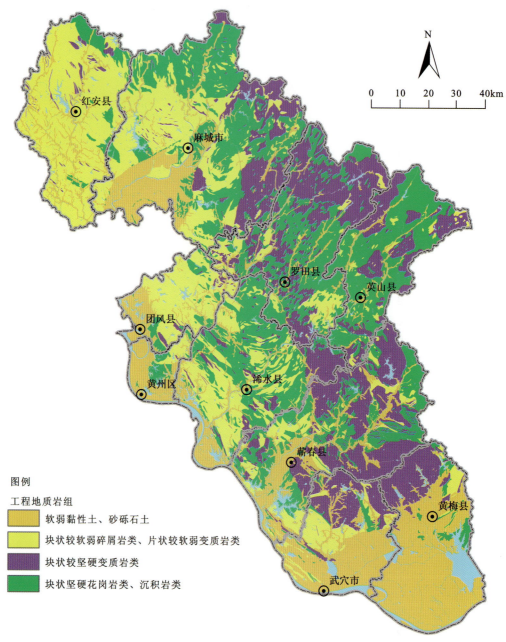

图 2.4 工程地质岩组分布图

2.1.6 水文地质条件

根据含水介质特征、地下水赋存条件和水动力特征,将区内地下水分为松散岩类孔隙水、碳酸盐岩裂隙水、基岩裂隙水三大类型。

2.1.6.1 松散岩类孔隙水

松散岩类孔隙水主要分布于冲沟地带、长江等河流两岸的漫滩和Ⅰ级阶地中。自上而下由第四系全新统冲洪积砂、砂砾石和亚砂土、砂、砂砾石层组成,厚度不等,一般为0~27m,地下水水位埋深0.6~6m。由于其上覆岩性为粉土、粉质黏土及粉砂,入渗条件好,因而地下水可直接接受大气降水补给,易遭受污染。地下水自阶地后缘向阶地前缘运移,排泄于河流。按水力性质可分孔隙潜水和孔隙承压水。前者多分布于长江等河流心滩和沟谷低洼处,富水性相差悬殊。位于长江心滩的孔隙承压水单井涌水量可达1000~5000t/d,位于沟谷低洼处单井涌水量仅为10~100t/d,有些地方甚至低于10t/d。后者多分布于长江、蕲河等河流两岸Ⅰ级阶地,富水性亦有显著差异。位于阶地前缘的孔隙承压水富水性,由于含水层的组成较厚,故水量普遍较后缘丰富,将其富水性等级分为中等的和贫乏的两级,其中中等的又细分为500~1000t/d和100~500t/d两个富水亚级,贫乏的为10~100t/d。

2.1.6.2 碳酸盐岩裂隙水

碳酸盐岩裂隙水主要分布在武穴、黄梅和蕲春一带。含水层由上震旦统、寒武系,奥陶系,石炭系,下二叠统,中下三叠统灰岩、白云质灰岩、硅质灰岩、含燧石灰岩、角砾状灰岩和大理岩组成。岩溶一般较发育,其中又以中下三叠统最发育,岩溶形态以溶蚀洼地、漏斗、溶洞为主,在标高-100m以下大部有地下水赋存。根据地下水含水层出露条件可分为裸露型和覆盖-埋藏型:覆盖-埋藏型地下水水位接近地表或高出地表,具有承压性,富水性中等—强,钻孔单位涌水量100~500m^3/(d·m);裸露型地区常见泉水,泉流量相差大,一般10~100m^3/d。地下水水化学类型一般以低矿化度重碳酸-钙型水或重碳酸-钙镁型水为主。

2.1.6.3 基岩裂隙水

基岩裂隙水包括碎屑岩裂隙水、火成岩风化裂隙水、侵入岩风化裂隙水以及变质岩风化裂隙水。

(1)碎屑岩裂隙水。由三叠系蒲圻组、侏罗系香溪群及白垩系—古近系公安寨组组成,主要岩性为泥岩、粉砂岩、细砂岩、砂砾岩等,岩性复杂,厚度变化大。富水程度主要与裂隙发育程度和岩石性质关系密切,总体而言,该地下水类型的含水层埋深大体在地表以下4.5~6m,厚度大于50m。地下水水位高出地表1.25m和埋入地下2m左右,具承压性。该类型地下水水量贫乏,泉流量一般小于10m^3/d,单井涌水量小于20m^3/d。

(2)火成岩风化裂隙水。赋存于燕山期花岗岩及大别-吕梁期片麻状斑状花岗岩风化带中,境内仅木子店镇、龟山乡小面积零星分布,富水性弱,泉流量一般小于5m^3/d,属于弱富水岩组。

(3)侵入岩风化裂隙水。由各时代侵入岩组成,岩性主要为二长花岗岩、花岗闪长岩、片麻杂岩及基性—超基性岩脉。该岩类风化带发育,强风化层厚5~10m,最厚为8~10m,地下水主要赋存于风化裂隙中,含水性微弱,泉水流量大多小于10m^3/d,局部在断裂带附近泉水流量可达100m^3/d左右。

(4)变质岩风化裂隙水。赋存于元古宇红安群以及太古宇大别群变质岩风化裂隙中,境内大面积分布,风化带一般厚3~6m,最厚为10~15m,地下水储存于风化裂隙中,富水性弱,水量贫乏,泉流量一般小于10m^3/d,含水极不均一,流量悬殊,按其富水等级属于弱富水岩组。

2.1.7 人类工程活动特征

随着黄冈市城乡经济建设的迅速发展以及交通、水利、城镇等基本建设的发展,市内人类工程活动不断加剧,在一定条件下诱发了地质灾害,主要表现如下。

(1)交通网络建设时,由于爆破、开挖切坡、堆积等人为活动,改变了坡体的原始状态,岩(土)体的完整性遭受破坏,形成较多地质灾害隐患。

(2)在城镇及民用工程建设过程中,人为切坡、开挖坡脚使边坡失稳,在雨季或暴雨时,易发生崩滑地质灾害。

(3)在土地利用与开发及水利设施建设中,由于生态环境改变,植被遭受破坏,而且本地区岩层风化较强烈,在地表水的冲蚀下,水土流失严重。在强降雨等诱发因素下,常发生小型土质滑坡及泥石流灾害。

(4)在采石、采矿过程中,由于爆破振动,山体形成采空区、临空面等,改变了应力分布状态,加之不规范开采,在内、外因素诱发作用下,极易形成塌陷等地质灾害隐患。

2.2 地质灾害分布规律

2.2.1 地质灾害主要类型

黄冈市地处大别山南麓,属于低山丘陵地区,是湖北省地质灾害多发区之一。地质灾害具有点多、面广、规模小、发生频率高、分布相对密集的特点,以滑坡为主要类型。全市地质灾害以山地丘陵地貌单元为主的中北部、东北部,如红安县、麻城市、罗田县、英山县最为发育;其次以丘陵岗地地貌单元为主的蕲春县、武穴市、黄梅县地质灾害较为发育;南部及西南部以岗丘、平原为主的浠水、团风、黄州三县(区)地质灾害发育相对较弱。总体来看,全市地质灾害自北而南、由东向西呈现由强至弱的发育趋势。

黄冈市地质灾害分布于境内10个县(市、区)。地质灾害类型主要为滑坡、崩塌、泥石流、不稳定斜坡和地面塌陷,其中以滑坡最为发育。根据《黄冈市2021年度地质灾害隐患排查报告》和各县(市、区)地质灾害风险评价报告,截至2021年6月,境内10个县市区发育各类地质灾害点共计1597处(表2.1,图2.5、图2.6)。其中滑坡1043处、不稳定斜坡266处、崩塌223处、地面塌陷11处、泥石流54处。区内地质灾害类型以滑坡为主,占地质灾害总数的65.31%;其次为不稳定斜坡,占16.66%,崩塌占13.96%,地面塌陷占0.69%,泥石流占3.38%。

滑坡与不稳定斜坡各方面性质十分相似,故本次统计分析将不稳定斜坡划入滑坡类别中共同统计,共计1309处,占地质灾害总数的81.97%。根据统计情况可知,黄冈市地质灾害的类别主要集中为滑坡,因此将滑坡作为重要研究对象,围绕滑坡的特征要素开展地质潜势度和预警模型研究是后续工作的重点。崩塌、地面塌陷及泥石流等地质灾害类型则在研究中附带考虑其相关特征。

表 2.1 地质灾害类型统计表 单位:处

分类特征	数量	规模				稳定性			
		巨型	大型	中型	小型	不稳定	欠稳定	基本稳定	稳定
滑坡	1043	0	4	25	1014	223	73	624	123
不稳定斜坡	266	0	0	5	261	56	0	184	26
崩塌	223	0	0	6	217	47	1	139	36
地面塌陷	11	0	1	0	10	2	0	7	2
泥石流	54	1	2	5	46	12	0	23	19
总计	1597	1	7	41	1548	340	74	977	206

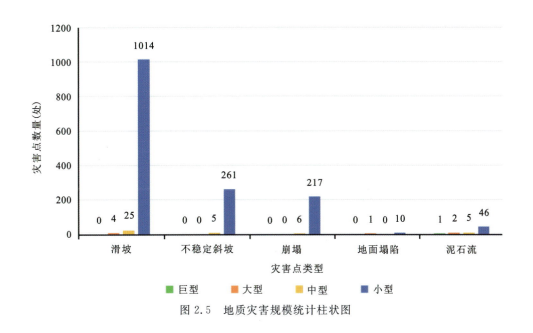

图 2.5　地质灾害规模统计柱状图

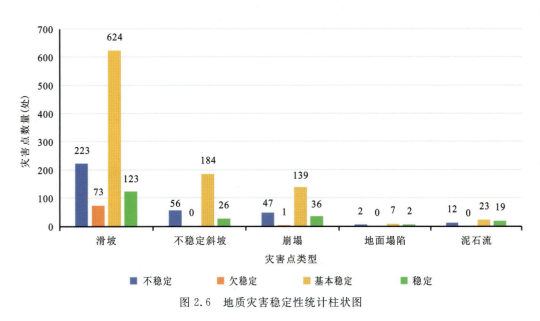

图 2.6　地质灾害稳定性统计柱状图

2.2.2　地质灾害分布特征

地质灾害在分布上，以丘陵岗地地貌和山地丘陵地貌单元为主的北部、东部和东北部地区的蕲春县、罗田县、英山县最为发育，此 3 个县（市）灾点计有 1002 处，占总数的 62.74%；其次以丘陵岗地地貌单元为主的武穴市、浠水县、红安县、黄梅县、麻城市地质灾害较为发育，计有 486 处，占总数的 30.43%；东南部及南部以丘陵岗地、平原为主的团风县、黄州区两县（区）地质灾害发育相对较弱，计有 109 处，占总数的 6.83%。总体来看，全市地质灾害自北而南、由东向西呈由强至弱的变化态势。

2.2.2.1 空间分布特征

黄冈市地质灾害分布遍及境内 10 个县(市、区)。市内地质灾害发育数量由多到少的县(市、区)依次为英山县、罗田县、蕲春县、黄梅县、麻城市、武穴市、红安县、浠水县、团风县、黄州区。黄冈市地质灾害点密度为 9.15 处/100km²，密度较大的县域为英山县、罗田县、蕲春县、黄州区（表 2.2，图 2.7、图 2.8）。

表 2.2　各县市地质灾害点统计表

序号	县(市、区)	面积(km²)	滑坡	不稳定斜坡	崩塌	地面塌陷	泥石流	合计(处)	所占比例(%)	密度(处/100km²)
1	英山县	1449	240	115	32	0	17	404	25.30	27.88
2	罗田县	2 137.8	206	22	67	0	24	319	19.97	14.92
3	蕲春县	2 397.6	240	18	16	0	5	279	17.47	11.64
4	黄梅县	1701	31	16	57	1	3	108	6.76	6.35
5	麻城市	3599	61	19	23	0	1	104	6.51	2.89
6	武穴市	1246	68	14	11	9	2	104	6.51	8.35
7	红安县	1 795.67	60	22	6	1	1	90	5.64	5.01
8	浠水县	1 949.3	48	31	1	0	0	80	5.01	4.10
9	团风县	833	58	4	9	0	1	72	4.51	8.64
10	黄州区	353.03	31	5	1	0	0	37	2.32	10.48
	合计	17 461.4	1043	266	223	11	54	1597	100.00	9.15

图 2.7　各县市地质灾害点统计饼状图

2.2.2.2 时间分布特征

1. 按年份分布特征

根据《黄冈市 2021 年度地质灾害隐患排查报告》和各县(市、区)地质灾害风险评价报告，黄冈境内共发生各类地质灾害 1597 处，本次选取 2001—2020 年近 20 年间有时间记录的地质灾害分布情况统

第 2 章　黄冈市地质环境与地质灾害

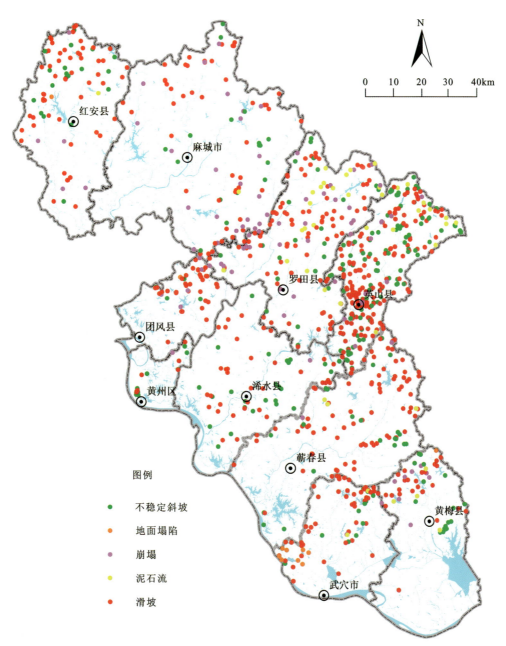

图 2.8　黄冈市地质灾害点分布图

计,此时间段内发生的地质灾害数量为 1256 处。根据统计结果(表 2.3)分析,地质灾害发生的频率与年降雨量及人类工程活动强度关联度较高,灾害主要集中发生在 2016 年和 2020 年,发生的地质灾害数量分别为 836 处和 190 处,分别占近 20 年地质灾害总数的 66.56% 和 15.13%;从地质灾每年发生的数量与年降雨量的关系看,地质灾害年分布规律与年降雨量呈正相关。

在时间分布上:地质灾害一方面表现为年际变化特征,另一方面地质灾害受降雨条件影响又在年内汛期集中发生。在年际变化上:黄冈市地质灾害在季节性分布的基础上,总体呈增加态势,尤其是 2016 年和 2020 年汛期强降雨后,地质灾害呈爆发式增长(图 2.9),并有与大雨、暴雨同期或略为滞后的特点,表明降雨为重要的触发因素。

表 2.3　黄冈市地质灾害发生年份情况统计表

年份	灾害点数量（处）						年降雨量（mm）
	不稳定斜坡	滑坡	崩塌	泥石流	地面塌陷	合计	
2001	1	1	1	0	0	3	1 183.6
2002	1	10	1	0	1	13	1779
2003	1	0	0	0	0	1	1 600.9
2004	3	2	1	0	0	6	1 239.5
2005	3	5	1	1	0	10	1 060.9
2006	2	1	3	0	2	8	1 047.9
2007	3	12	3	1	0	19	1 185.5
2008	1	2	0	0	0	3	1 115.2
2009	1	4	2	0	0	7	1 195.8
2010	3	9	1	1	0	14	1 431.3
2011	2	4	1	0	0	7	1 044.9
2012	0	10	1	0	0	11	1 414.5
2013	1	6	1	0	0	8	968.3
2014	2	13	1	0	0	16	1 319.2
2015	8	40	5	1	0	54	1 533.5
2016	177	583	38	37	1	836	1 939.8
2017	10	30	2	0	0	42	1 148.2
2018	1	3	1	0	0	5	1 140.9
2019	1	2	0	0	0	3	1070
2020	30	154	4	2	0	190	2 033.6
合计	251	891	67	43	4	1256	—

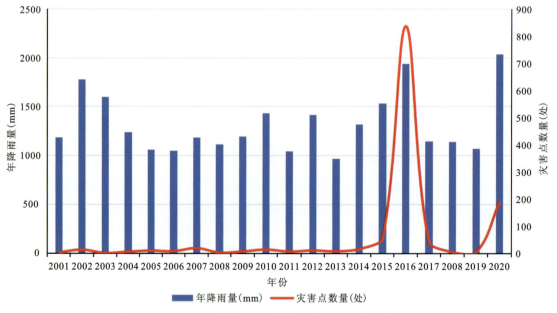

图 2.9　黄冈市地质灾害发生年份对应雨量及灾害点数量情况

2. 按月份分布特征

区内地质灾害的时间分布主要与人类工程活动及降雨周期密切相关。据统计分析,境内地质灾害一般集中发生在6—7月。其中发生于6月的有527处,占地质灾害总数的41.96%,发生于7月的有609处,占地质灾害总数的48.49%,其他10个月共计发生地质灾害120处,仅占地质灾害总数的9.55%。由此可见,地质灾害在月份上分布不均,且多分布于汛期6—7月(图2.10)。

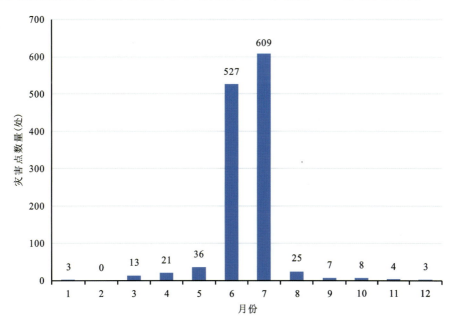

图 2.10　2001—2020 年地质灾害发生月平均分布柱状图

2.3　地质灾害发育特征

2.3.1　受降雨作用地质灾害发育

1. 群发性

区内地质灾害发育具有明显的地域群发性。一场暴雨的影响面积有时可以很大,在此背景下,只要降雨量值超过了特定的地质灾害预警阈值,就易引发强降雨范围内的多处地质灾害,如2016年6月30日—7月1日,连续两天最大日降雨量分别达438.1mm和486.2mm,诱发地质灾害达203处。

2. 滞后性

地质灾害发生时间与日降雨量处于最大值的时间不同步。如2020年7月5—7日,黄冈市大部分地区日降雨量在185~355mm之间,在7月7日降雨量达到最大值后,受暴雨作用影响发生了86处地质灾害,而滑坡发生时间均在7月7—21日之间,滞后1~10d。

3. 突发性

受强降雨影响,黄冈市地质灾害一般具有突发性,如黄梅县大河镇袁山村三组发生滑坡和宋冲村发生滑坡就是典型实例。2020年7月8日,黄梅县遭遇特大暴雨,当日0时至6时,黄梅县平均降雨量达200mm,大河镇最大达353mm,超历史极值。受特大暴雨影响,凌晨4时5分左右,黄梅县大河镇袁山村三组突发一起小型土质滑坡,滑坡已滑方量约4万m^3,滑坡导致5户17间房屋被毁(11间砖房、6间土坯房),造成8人遇难,1人受伤,毁田100亩,损毁输电线路400m、供水管道400m,直接经济损失约1000万元。滑坡发生后斜坡区域尚有近1万m^3残留体,处于不稳定状态。同日凌晨3时,大河镇宋冲村发生滑坡,约1.26万m^3岩土体堆积于坡脚乡道,造成坡下1户2层砖房被毁,1人遇难,1人重伤,毁田约30亩,损毁输电线路200m,损毁乡村道路130m,造成交通中断。

4. 复发性

在强降雨反复、长期影响的作用下,同一处地质灾害复发。如武穴市困龙村水晶山滑坡和四望新庙社区三组不稳定斜坡等,初次变形后,于2016年、2017年及2018年再次或多次发生变形破坏;英山石头咀镇方家畈村五组滑坡于2016年6月发生变形滑动,于2020年7月再次发生变形滑动。

5. 季节性

地质灾害的发生时间与降雨规律性一致,降雨量多的年份地质灾害多,降雨量少的年份地质灾害相对较少。在汛期6—7月,随着降雨量的增加,地质灾害的频数也随之增加。相对而言,在其他月份地质灾害发生的频数相对较小。

2.3.2 易滑地层内地质灾害发育

区内第四系松散堆积层广泛分布,土体结构松散,自然斜坡稳定性较差;区内沟谷切割一般在100~200m之间,在工程活动扰动及强降雨作用下,很容易产生变形。

区内软弱变质岩类岩层广泛分布,分布区面积约为4 239.33km^2,占全市域面积的24.36%,频繁的构造活动和强烈的物理风化,使岩石破碎。变质岩中的页岩透水性差,在雨水浸泡下易软化形成软弱结构面,为崩塌、滑坡和泥石流的发生提供了物质基础。区内发育于变质岩类地层中的地质灾害有1187处,占全区地质灾害总数的74.33%。

综上所述,区内易滑地层主要是第四系松散岩层与变质岩类岩层。滑坡的形成与这两个地层工程地质性质较差密切相关。

2.3.3 沿构造带地质灾害发育

研究表明,地质灾害常集中分布在活动性强的构造和不同构造单元的交接带以及深大断裂带附近,这些地区由于构造运动强烈,断层、褶皱发育,差异升降活动明显,常形成大的断裂挤压破碎带等构造弱带,致使地层、岩石破碎,稳定性差,从而有利于滑坡等地质灾害的产生。

当不同方向的两条或数条断层交会或相距较近时,构造应力的叠加影响,以及断裂活动的继承性和多期性特点,使得处于该地段的岩层遭受强烈破坏,岩石破碎,构造岩发育,岩体极不稳定。同时,由于这种断层交会带和影响带宽度大、裂隙发育、含水丰富,在风化作用及地下水的作用下,往往沿着断层破碎带产生一个明显的具有相当规模的软弱带,由这种软弱带组成的边坡极不稳定,必然容易产生滑坡、崩塌等地质灾害。根据统计,黄冈市地质构造影响范围内发育地质灾害 811 处,占黄冈市地质灾害的 50.78%。

2.3.4　沿人类工程活动带地质灾害发育

黄冈市对自然环境产生影响的人类经济工程活动主要反映在城镇建设、公路交通、矿业开发、建房切坡、耕地改造和退耕还林等方面。其中最突出的为建房切坡,由此引发的地质灾害相对较多。

黄冈市南北地貌差异较大,由于地理及历史原因,山区村民依山就势切坡建房比较普遍,开挖山体,一般形成 3~15m 人工边坡,改变了区内斜坡稳定性,特别是坡脚切坡改变原始坡形,扰动坡体,使斜坡坡脚后缩,在前缘形成的高陡临空面为滑坡的滑移剪出提供了有利的地形与空间条件,从而诱发、加剧了地质灾害的发生。

2.4　地质灾害形成条件

地质灾害是地质环境异常变化对人类生命财产和生活、生产,以及支持人类生产和发展的资源与环境破坏的现象或过程,是地质活动与人类活动相互作用的结果。地质灾害的属性包括自然和社会属性两方面,因此其形成离不开自然条件和社会条件。自然条件包括地形地貌、地层岩性、地质构造、岩(土)体结构类型、水文地质等;社会条件包括人类经济活动和社会活动等。其中地形地貌、地层岩性、岩(土)体结构类型等是地质灾害形成的基本条件,降雨、人类工程活动、河流侵蚀、地震等则是地质灾害的诱发因素。

2.4.1　地形地貌与地质灾害

地形地貌是崩塌、滑坡、泥石流等地质灾害形成的基础,它在很大程度上决定了地质灾害能否形成以及灾害类型、数量(密度)、规模。斜坡的几何形态决定着斜坡内应力的大小和分布,控制着斜坡的稳定性与变形破坏模式,不同类型的地质灾害具有不同的地形地貌条件。

地貌特征是影响地质灾害发育的主控因素之一。根据调查统计,黄冈市域内地质灾害发育在 6 种不同类型地貌单元上,其类别为平原、岗地、丘陵、低山、中山、高山。其中分布在平原区 26 处,占地质灾害总数的 1.63%;岗地区 176 处,占地质灾害总数的 11.02%;丘陵区 707 处,占地质灾害总数的 44.27%;低山区 477 处,占地质灾害总数的 29.87%;中山区 200 处,占地质灾害总数的 12.52%;高山区 11 处,占地质灾害总数的 0.69%(表 2.4,图 2.11)。

表 2.4　黄冈市地质灾害按地貌单元分布统计表

地貌单元	平原	岗地	丘陵	低山	中山	高山
地质灾害数量(处)	26	176	707	477	200	11
占比(%)	1.63	11.02	44.27	29.87	12.52	0.69

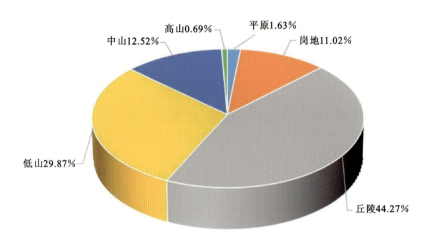

图 2.11　黄冈市地质灾害按地貌单元分布饼状图

由上述统计可知,黄冈市地质灾害主要发育在丘陵地区,其地理位置为黄冈北部和东部的麻城市、红安县、罗田县、英山县。区内地质灾害集中分布于居民集中区,区内人类工程活动作用影响强烈,大量的切坡开挖建房和修路等人类工程活动及降雨等诱发因素,加剧了地质灾害的发生。

2.4.2　岩(土)体类型与地质灾害

地层岩性、岩(土)体工程地质条件是影响斜坡变形的主要因素。地层岩性是崩滑流灾害形成的物质基础,地质灾害活动与岩土类型、性质、结构具有特别密切的关系。软弱地层,在构造作用以及其他外力作用影响下,都容易形成土状或泥状的软弱夹层,成为潜在的滑动面或滑动带,具备产生滑动的基本条件,同时,在软弱地层中,由于抗风化能力弱,易形成大量的松散物质。相反,硬质岩类,岩体抗风化能力强,不易形成潜在滑移面和松散物质。岩性不同,其地质灾害的发育程度及类型也不同。

斜坡岩(土)体的性质是影响斜坡稳定性的重要因素,区内变质岩岩体风化破碎严重,裂隙发育,斜坡变形强烈,表层一般都存在强风化层,在雨季特别是连阴雨、暴雨季节易暴发堆积层滑坡和泥石流灾害。岩土力学强度较弱与较坚硬岩层互层结构的侵入岩组亦利于滑坡的形成。根据调查数据统计,区内灾害点分布与岩性有密切关系,易滑地层主要为第四系堆积层。相对应地,易滑岩组为第四系松散岩组与变质岩组、侵入岩组。

根据调查统计,黄冈市土质滑坡共有1241处,占全市滑坡地质灾害的94.81%。土质滑坡体物质多源于第四系残坡积和崩坡积物,岩性为粉质黏土、粉质黏土夹碎石、第四系人工填土、砂土等。土质滑坡的形成条件,从岩性、岩(土)体结构及水文地质条件方面来看,是由于土体结构松散,孔隙度大、透水性强,而下伏基岩透水性相对较小,以形成隔水层,地表降水入渗使土体呈饱和状态,下渗后的地下水软化土体,增大土体质量和孔隙水压力,使土体力学强度降低,易在土体中或基岩面上形成滑带或滑移面,导致土体滑动。

岩质滑坡有58处,占全市滑坡总数量的4.43%。区内岩质滑坡主要发育于二长花岗岩、花岗质片麻岩、片麻岩等相对易滑地层中。从岩性、岩(土)体结构方面分析与岩质滑坡形成的关系,花岗质片麻岩、二长花岗岩抗风化能力差,遇水易软化等工程地质性质,具备了形成滑坡的优势物质基础条件,同时,在构造作用以及其他外力作用影响下,易顺层面、顺片理、强弱风化接触带等形成潜在的滑动面或滑带,成为岩质滑坡的主控因素。

岩土混合质滑坡有10处,占全市滑坡总数量的0.76%。岩土混合质滑坡的特点是兼具土质与岩质滑坡的共同特征(表2.5,图2.12)。

表 2.5　黄冈市滑坡地质灾害按滑体类别分布统计表

地质灾害	滑体类别		
	土质	岩质	岩土混合质
滑坡地质灾害数量(处)	1241	58	10
占比(%)	94.81	4.43	0.76

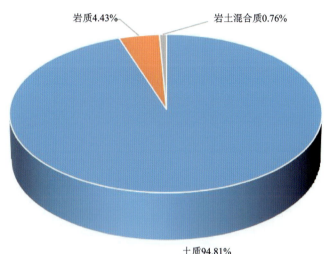

图 2.12　黄冈市滑坡地质灾害按滑体类别分布饼状图

2.4.3　水与地质灾害

在诸多形成地质灾害的不利因素中,水是最重要的诱发因子。水对滑坡中的作用主要表现在:软化、潜蚀岩土,降低软弱结构面的强度,增大孔隙水压力,使处于极限平衡状态的滑坡体产生滑动;同时,多次的干湿状态交替变化使得岩土体开裂,产生了大量的裂隙,为地表水的入渗提供了良好的通道,使滑坡变形加速。于是,在滑坡已具备地形地质条件的基础上,水就成了重要的诱导和触发因素。

1. 大气降雨

在相同的地质条件下,诱发地质灾害的主要因素表现为大气降雨。据统计,黄冈地区受降雨作用诱发的滑坡约占滑坡总数的 96.5%,这些滑坡中又有约 90% 的变形破坏发生于雨季。受降雨诱发的滑坡在黄冈市境内分布最广,发生频率最高。

降雨对滑坡的影响主要表现为:①降雨入渗使岩(土)体饱和,自重增加,增大了滑体的下滑力;②降雨入渗使岩(土)体被软化、潜蚀,导致其抗剪强度降低;③短时强降雨形成的地面径流,侵蚀坡脚,改变坡体原有形态,打破了坡体原有的力学平衡;④降雨期间或降雨之后,斜坡岩(土)体内孔隙水压力的升高使得潜在滑动面上的有效应力及抗剪强度都降低,且地下水水位升高还对岩(土)体产生一定的浮托力;⑤干湿交替导致岩(土)体开裂,产生了大量的裂隙,使更多的水进入岩(土)体,加速了滑坡的发生。

降雨对崩塌的影响主要表现为:①雨水的渗入可增大裂隙网络中的动水压力,提高坡体向临空面方向的推力;②雨水的浸润使分离结构面两侧的岩土软化,或减小分离面的抗滑阻力;③降雨形成的地表径流对岩(土)体的水力侵蚀,尤其是沟蚀,使分离面的隙缝不断增大。这些作用都可能使暂时稳定的危岩体在某一时刻突然失稳。

此外，降雨是形成泥石流的主要因素之一，为泥石流的形成提供初始的动能，暴雨和特大暴雨常引发群发的泥石流，形成规模也较大。

2. 地表水

研究区内主要为低山丘陵地貌，沟壑纵横，充沛的降雨使区内各类沟谷溪流星罗棋布。区内对地质灾害产生影响的地表水主要为河流及沟谷溪流。主要表现为：河流流水侵蚀两岸的边坡，长时间作用会使边坡变陡形成临空面，从而使其失去支撑，边坡稳定性降低；滑坡等地质灾害的边界常受水流侵蚀切割的沟谷控制；丰水期河水位上涨，使得地下水水位上升，导致潜在滑体内动水压力升高，或者地下水由斜坡岩（土）体中排出时，水力梯度增大，均可以对斜坡的稳定性产生不利影响。

3. 地下水

地下水与地质灾害的形成关系，主要体现在软化岩（土）体，降低岩（土）体力学强度；增加坡体自重，增加下滑力和降低抗滑力。此外，在部分条件下，地下水所形成的动静水压力也是形成地质灾害的重要动力来源。

区内地质灾害主要发育于第四系松散岩（土）体和变质岩等地层中。斜坡中上层滞水的存在，致使土体的力学性质发生变化，大大降低了土体的强度，增加了土体的重度，易诱发斜坡变形失稳。此外，降雨入渗到岩（土）体内相对隔水层后，会沿相对隔水界面渗流，形成地下水头，地下水的长期浸泡，可以起到润滑剂的作用，从而易发生滑坡等地质灾害。

第3章 黄冈市地质灾害气象预警分区

由于市域范围的地质条件在空间上存在较大差异，其组合情况变化多样。因此，需要对黄冈市的复杂地质背景按照工程地质学原理进行分区，再评价各区的地质灾害潜势度，由此从空间上提高气象预警的精度。即首先采用信息量法对本市地质背景进行地质分区，确定基本预警单元；再通过 Matlab 建立 BP 神经网络模型，运用机器学习算法进行网络训练得到各评价因子的最佳权重，通过 ArcGIS 平台加权的方法计算潜势度概率量化值，依据已存在的地质灾害分布情况和诱发因素进行地质灾害潜势度区划。本章主要研究黄冈市地质灾害的气象预警分区。

3.1 区域地质背景分区

研究区地质灾害影响因素众多，结合上文黄冈市地质灾害发育特征及形成条件分析，参考黄冈市 10 个县（市、区）近年来地质灾害详细调查报告，选择了斜坡结构、地形坡度、地形起伏度、地质构造、工程地质岩组 5 种影响因素作为研究区地质灾害易发性的评价指标。同样选取这些因子对黄冈市进行地质背景分区，即采用信息量法分级赋值各影响因子，使用 ArcGIS 软件对滑坡的评价因子数据进行提取，从研究区的 150m×150m 分辨率的 DEM 数据中提取斜坡结构、地形坡度、地形起伏度 3 个影响因子的数据，通过研究区地质图获取地质构造、地层岩性两个影响因子的数据，最后根据地质因素组合情况按数组组合规则对黄冈市进行地质背景分区。

3.1.1 评价指标的选取与统计分析

3.1.1.1 斜坡结构

斜坡结构考虑斜坡坡向与岩层倾角之间的关系。根据湖北省地质灾害风险调查评价技术要求，将斜坡结构划分为 4 个等级：0°～30°为顺向坡；30°～60°和 120°～150°为切向坡；60°～120°为横向坡；150°～180°为逆向坡。不同类别的斜坡结构反映了滑坡成因、规模、运动特征的差异，是评价灾害易发性的重要因素。通过 ArcGIS 对研究区进行斜坡结构等级划分，并将全市灾害点投影至图上，可得黄冈市斜坡结构与灾害点分布图（图 3.1）。

研究区内共投影灾害点数量 1597 处，其中顺向坡（0°～30°）区域共有 436 处，占灾害点总数量的 27.30%；切向坡（30°～60°、120°～150°）区域共有 534 处，占灾害点总数量的 33.44%；横向坡（60°～120°）区域共有 399 处，占灾害点总数量的 24.98%；逆向坡（150°～180°）区域共有 228 处，占灾害点总数量的 14.28%。根据统计，研究区内逆向坡相对较少，其他 3 类均有一定的数量比例，共计 85% 以上。黄冈市斜坡结构与灾害点数量的关系见图 3.2。

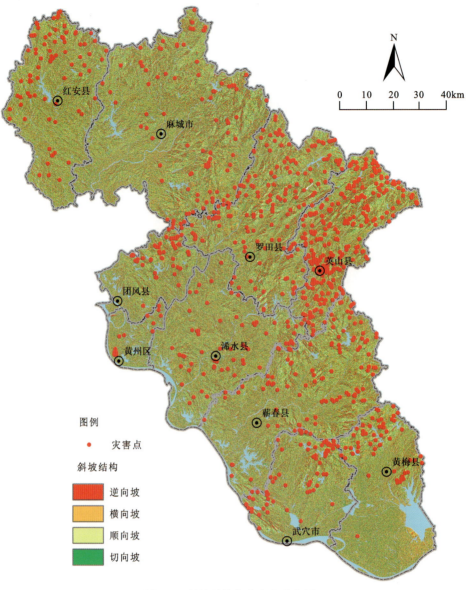

图 3.1　斜坡结构与灾害点分布图

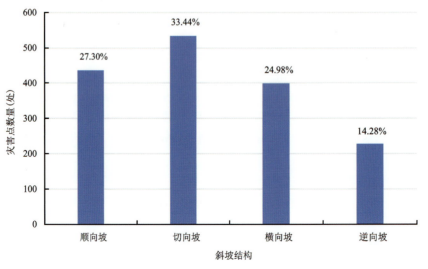

图 3.2　斜坡结构与灾害点数量关系图

第3章 黄冈市地质灾害气象预警分区

3.1.1.2 地形坡度

地形坡度是滑坡发生的重要因素之一。坡度影响了整个滑坡结构的内力分布,也影响了滑坡内任意一个点的受力情况,包括影响了滑坡中松散物质的堆积,也影响了滑坡结构中地下水的动力,包括滑坡内地下水的排泄与补给、水土流失的程度等。笔者通过使用ArcGIS软件提取了研究区的地图数据,使用地图数据对DEM数据进行裁剪处理,得到了研究区的地形坡度图,再投影灾害点,得到黄冈市的地形坡度与灾害点分布图(图3.3)。

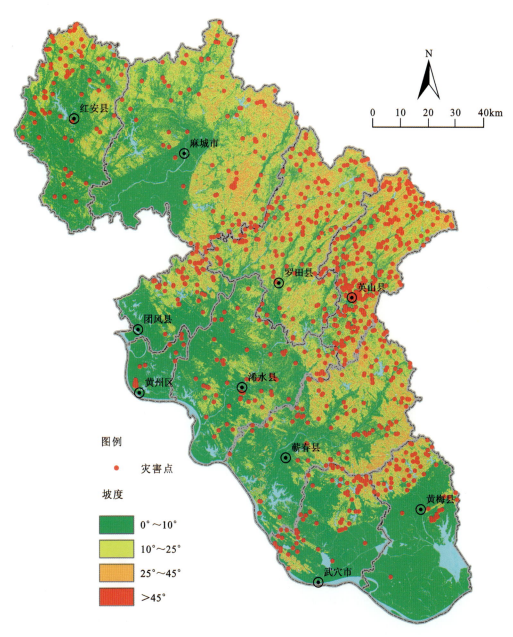

图3.3 地形坡度与灾害点分布图

根据相关技术指导文件与研究区实际情况,将地形坡度分为4个等级:0°~10°、10°~25°、25°~45°、>45°。其中,0°~10°区域共有灾害点436个,占灾害点总数量的27.30%;10°~25°区域共有灾害点973个,占灾害点总数量的60.93%;25°～45°区域共有灾害点184个,占灾害点总数量的11.52%;＞45°区域共有灾害点4个,占灾害点总数量的0.25%。根据统计,黄冈市灾害主要在10°～25°区域内发育,研究区坡度与灾害点数量关系见图3.4。

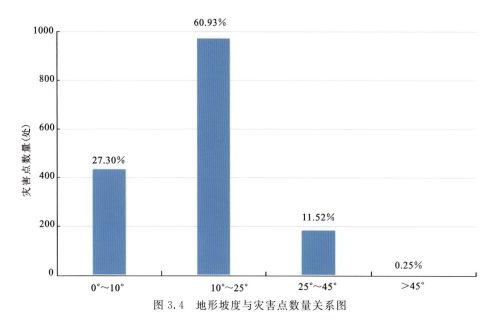

图3.4 地形坡度与灾害点数量关系图

3.1.1.3 高差

高差是影响滑坡发育的重要因素之一。高差是滑坡灾害发育的必要条件,高差越大,说明滑坡发生后的动能越大,也表明灾害发生时造成的影响越大。根据黄冈市地形地貌的实际情况,将研究区高差等级分为4类:0～20m、20～50m、50～100m、＞100m。利用ArcGIS对DEM数据处理,可获得研究区高差与灾害点分布图(图3.5)。

根据统计,全区内0～20m区域灾害点数量共61个,占灾害点总数量的3.82%;20～50m区域灾害点数量共576个,占灾害点总数量的36.07%;50～100m区域灾害点数量共有654个,占灾害点总数量的40.95%;＞100m区域灾害点数量共有306个,占灾害点总数量的19.16%。可知,研究区灾害发育主要集中在50～100m区域,20～50m区域内灾害点发育次之。滑坡高差与灾害点数量关系见图3.6。

3.1.1.4 地质构造

地质构造(简称构造)是地壳或岩石圈各个组成部分的形态及其相互结合方式和面貌特征的总称,是构造运动在岩层和岩体中遗留下来的各种构造形迹,如岩层褶曲、断层等。研究表明,活动性强的大构造和不同构造单元的交接带以及深大断裂带附近,滑坡常集中分布。因此,地质构造是影响滑坡的重要因素之一,必须考虑地质构造对滑坡易发性的影响。地质构造与灾害点分布见图3.7。

根据黄冈市地质构造图将全市地质构造影响二分,利用ArcGIS缓冲2500m区域为有构造影响区,其余为无构造影响区。其中,有构造影响区域灾害点数量共有1256个,占灾害点总数的78.65%;无构造影响区域区域灾害点数量共有341个,占灾害点总数的21.35%。结果表明,大部分灾害点的发育与黄冈市北西向和北东向地质构造相关,地质构造与灾害点数量关系见图3.8。

第3章 黄冈市地质灾害气象预警分区

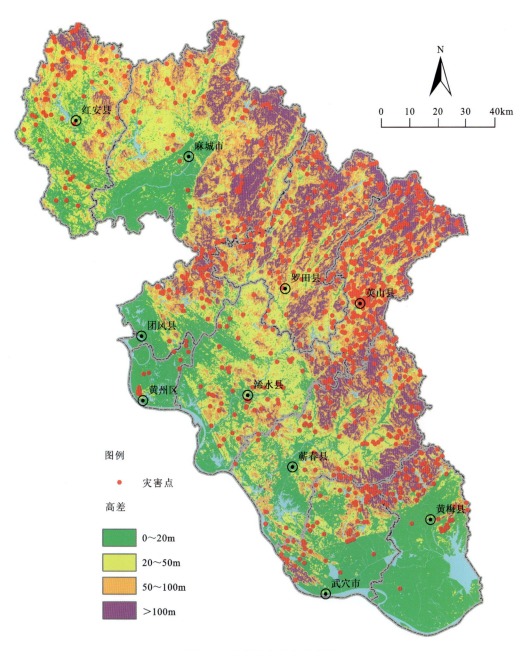

图 3.5 高差与灾害点分布图

3.1.1.5 地层岩性

岩性是影响滑坡的重要因素。岩石的力学性质、抗破碎能力、抗风化程度及抗侵蚀能力都影响着整个滑坡的活跃性。滑坡的存在是因为其内部必定存在着软弱结构面,而软弱结构面的性质与滑坡的状态息息相关,主要体现在软弱结构面的力学性质较差,容易风化、被侵蚀而产生较多的松散物质,导致整个滑坡结构容易发生滑动变形现象。研究区地层岩性与灾害点分布见图3.9。

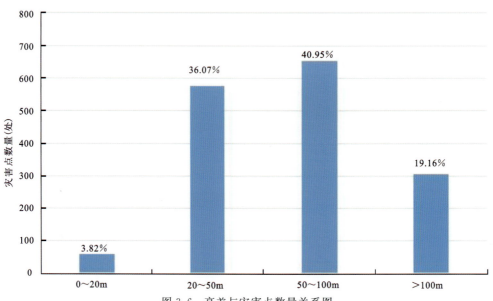

图 3.6 高差与灾害点数量关系图

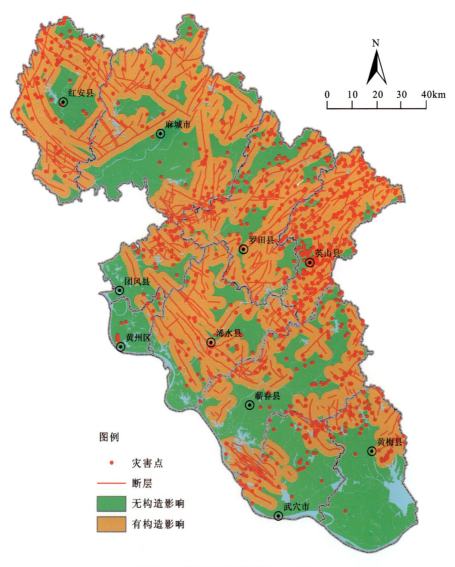

图 3.7 地质构造与灾害点分布图

第3章 黄冈市地质灾害气象预警分区

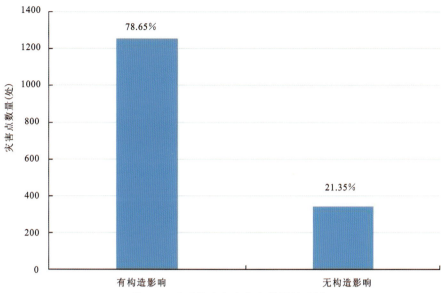

图 3.8 地质构造与灾害点数量关系图

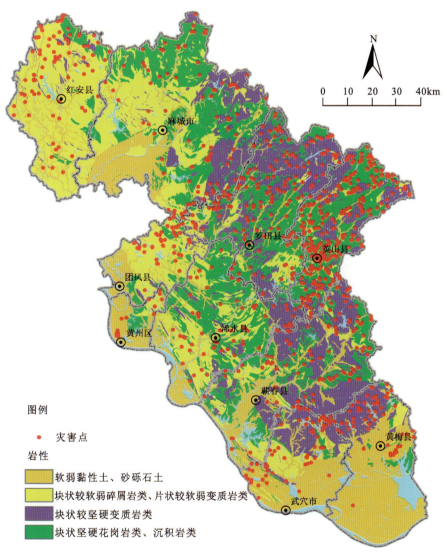

图 3.9 地层岩性与灾害点分布图

根据黄冈市地层岩性分布图,主要将研究区内滑坡岩性分为4个等级:①坚硬:块状坚硬花岗岩类、沉积岩类;②较坚硬:块状较坚硬变质岩类;③较软弱:块状较软弱碎屑岩类、片状较软弱变质岩类;④软弱:软弱黏性土、砂砾石土。其中,坚硬区域共有灾害点445个,占灾害点总数量的27.86%;较坚硬区域共有灾害点623个,占灾害点总数量的39.01%;较软弱区域共有灾害点358个,占灾害总数量的22.42%;软弱区域共有灾害点171个,占灾害点总数量的10.71%。地层岩性与灾害点数量关系见图3.10。

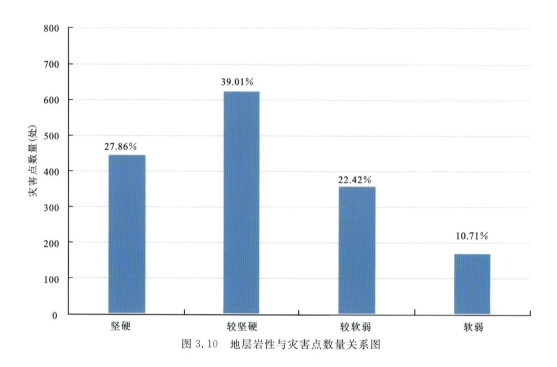

图 3.10 地层岩性与灾害点数量关系图

3.1.2 评价指标量级划分及地质分区

从地理信息系统(GIS)中得到的滑坡评价因子的基础数据并不能直接用来作评价分析,需要对这些数据进行分级处理,使得每种评价因子的数据具有相同的表达形式,以便用来作评价分析。信息量法是通过分析已变形或发生地质灾害地区的实际情况及提供的信息,研究对其稳定性有影响的信息数量和质量,并将其影响程度通过信息量量化表示出来。地质灾害的发生受多个影响因子的共同作用,不同的地质背景都存在一种导致灾害发生的"最佳因子的组合",不同影响因子组合对地质灾害的作用程度不相同。对于某一具体斜坡而言,信息模型所考虑的是:一定区域内所获取与滑坡相关的所有信息的数量和质量。

计算单个影响因子对地质灾害事件(D)提供的信息量值 $I(x_i,D)$:

$$I(x_i,D) = \ln \frac{N_i/n}{S_i/S} \tag{3-1}$$

式中:S 为研究区面积;S_i 为研究区含有影响因子 x_i 的面积;N 为研究区发生地质灾害的总个数;N_i 为研究区分布在影响因子 x_i 内的地质灾害的个数。

对上述各评价因子信息量结果进行赋值。其中,影响程度最小的因子级别区间赋值为1,影响程度最大的因子级别区间赋值为4,以此类推。上述各评价因子的信息量法分级赋值得分情况见表3.1。

第 3 章　黄冈市地质灾害气象预警分区

表 3.1　评价指标量级赋值得分表

评价指标	指标等级	赋值量化
斜坡结构	顺向坡（0°～30°）	4
	切向坡（30°～60°、120°～150°）	3
	横向坡（60°～120°）	2
	逆向坡（150°～180°）	1
地形坡度	0°～10°	3
	10°～25°	4
	25°～45°	2
	>45°	1
高差	0～20m	1
	20～50m	3
	50～100m	4
	>100m	2
地质构造	有构造影响	2
	无构造影响	1
工程地质岩组	块状花坚硬岗岩、沉积岩岩组	3
	块状较坚硬变质岩岩组	4
	块状较软弱碎屑岩、片状较软弱变质岩岩组	2
	软弱黏性土、砂砾石土岩组	1

　　根据斜坡结构、地形坡度、高差、地质构造及工程地质岩组 5 个因子的组合情况，按数组组合规则（表 3.2）对黄冈市进行地质背景分区，即将上述 5 个因子的等级量化值组合为五位数数组就代表一个地质区，数组具有唯一性且相互独立。据此利用 ArcGIS 空间分析功能，将整个黄冈市划分为 413 个地质分区（图 3.11）。

表 3.2　地质分区数组组合规则

评价指标	斜坡结构	地形坡度	地形起伏度	地质构造	地层岩性
数位	万位	千位	百位	十位	个位

　　例如，数组 21212 即表示为一个地质分区，在该区内斜坡结构为横向坡（60°～120°），坡度>45°，高差>100m，无地质构造影响，岩性为块状较软弱碎屑岩、片状较软弱变质岩岩组。

图 3.11 地质分区图

3.2 BP 神经网络指标权重模型

3.2.1 BP 神经网络概念

BP 神经网络是一种传递非线性函数的、利用误差反向传播的多层感知器形成的前馈型神经网络。这种结构主要由三部分组成:输入层、隐含层和输出层。

其中,输入层的主要作用是把外部需要进行处理的信息传输到神经网络的结构中;隐含层的主要作用是实现对数据的非线性处理,处理过程是利用设置的激活函数对数据实现非线性可微,可以是一层,也可以是多层;输出层的主要作用则是输出需要的结果数据,将期望的信号输出作为参考,用实际的信号输出进行对比。如果实际输出的结果满足期望的结果,则输出数据;若不满足,则反向传播修正。网络中每个神经元都是独立的,不会相互影响,层与层之间的联系,也仅仅只在信号的传递上。BP 神经网络学习过程包括两个部分,即信号的正向传播(工作阶段)和误差的反向传播(学习阶段)。信号的正向传播是指从输入层接收信号,再将信号在隐藏层中进行计算后,最终将信号结果传到输出层的过程。误差的反向传播则指当输出的结果信号与期望输出的信号对应不上时,输出的误差就会沿着误差能够减小的方向开始传播,逐步修正各层之间的阈值和权重,反复训练,以减小误差。

3.2.2 BP 神经网络算法原理

BP 神经网络最重要的就是映射作用,网络把一组样本的"输入—输出"问题变为一个非线性优化问题,使用优化中最普遍的梯度下降法,用迭代运算求解的学习记忆问题,加入的中间层使优化问题的可调参数增加,从而可得到更精确的解。若把这种神经网络看成一个从输入到输出的映射,则此映射是一个高度非线性的映射。网络及算法增加了中间层并有相应的学习规则可循,因而使其具有对非线性模式的识别能力。

从结构上看,网络是典型的多层网络,它不仅有输入层节点、输出层节点,而且有一层或多层隐含层节点。在网络中,层与层之间多采用全互联方式,但同一层的节点之间不存在相互连接。一个三层的网络如图 3.12 所示。

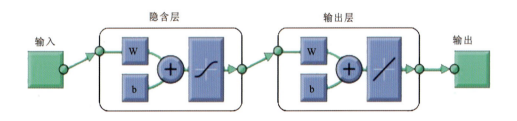

图 3.12 BP 神经网络结构示意图

根据 BP 神经网络系统的训练过程中的算法公式,数据会由输入层传入系统,并在隐含层中计算,隐含层会将处理后的数据最终传入输出层,输出层会得到最终的结果。当结果与实际的期望不相符时,会生成一种误差的信号,并将这个信号传回至神经网络系统中,神经网络系统会根据误差信号的信息量不断调节自身的权值。当指导输出的结果与期望相符合时,训练过程就会停止。但是,整个系统训练阶段不是一直持续下去的,因为可以通过神经网络系统设置最大的迭代次数,由于迭代次数的限制,训练达到一定次数会终止。

3.2.3 基于 Matlab 的 BP 神经网络权重模型构建

Matlab 是矩阵实验室(matrix laboratory)的简称,是美国公司出品的商业数学软件,用于算法开发、数据可视化、数据分析以及数值计算的高级技术计算语言和交互式环境中。本项目基于 Matlab 自己编写算法程序实现 BP 神经网络模型的构建,根据评价指标,输入层节点数为 5 个,选取滑坡是否发生作为响应函数,因此输出层节点数为 1 个,并采用双隐含层高模式,第一隐含层节点数为 10 个,第二隐含层节点数为 12 个。各层激活函数依次选取为"tansig""logsig",训练函数为"trainlm"。最大训练次数为 5000 步,训练目标为 0.000 001,学习速率为 0.01。具体运算流程见图 3.13。

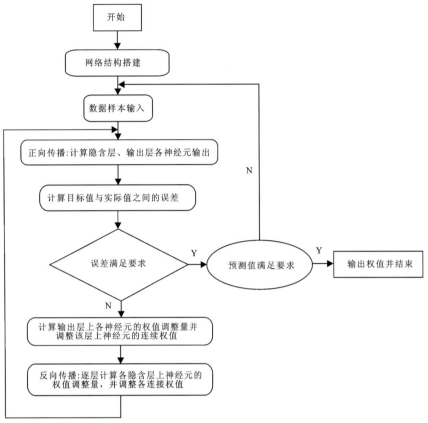

图 3.13 BP 神经网络程序运算流程图

3.2.4 程序实现与权值结论

考虑到灾害点的分布情况、乡镇行政区域范围、原始数据的精度问题以及气象雨量站分布,确定本项目采用 150m×150m 精度剖分网格,全市共得到 780 236 个栅格单元,每个栅格单元作为一个制图单位,选取研究区共 1309 处滑坡点进行统计分析,利用 ArcGIS 提取 1309 个滑坡正样本的各指标量化数据,同时从非滑坡区域提取 1309 个负样本指标量化数据,并且以 1 代表滑坡发生、0 代表滑坡未发生作为响应结果,共同组成 BP 神经网络训练样本。样本数据见表 3.3。

表 3.3 样本数据列举

样本编号	斜坡结构	地形坡度	高差	地质构造	工程地质岩组	是否滑坡
1	4	3	3	1	4	1
...			...			
...			...			
1309	3	4	3	2	2	1
1310	2	2	1	1	2	0
...			...			
...			...			
2618	2	4	1	2	4	0

第 3 章 黄冈市地质灾害气象预警分区

将上述样本数据输入 Matlab 程序中训练,训练过程见图 3.14。

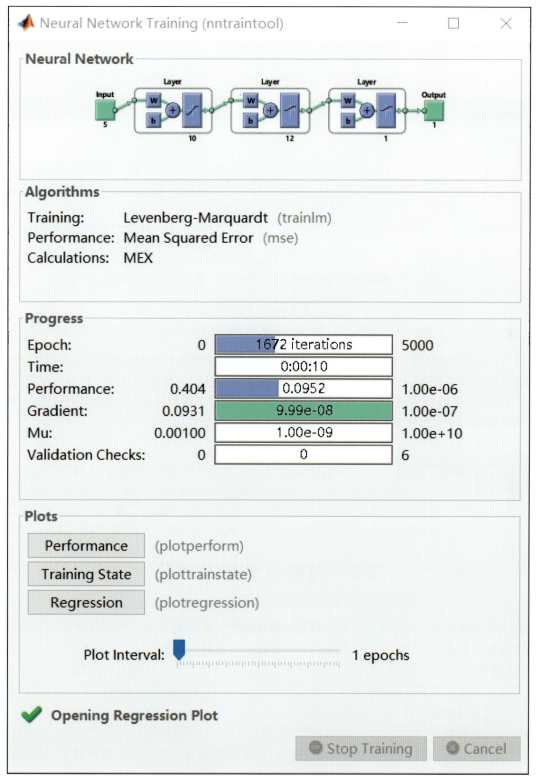

图 3.14 BP 神经网络算法运行图

利用 BP 神经网络进行实验,并选取 50 组样本数据作为测试集,测试网络训练是否满足精度要求。当"网络预测输出"与"期望输出"相同或极为接近时为正确;当"网络预测输出"与"期望输出"相差甚远时为错误。网络测试结果见图 3.15。

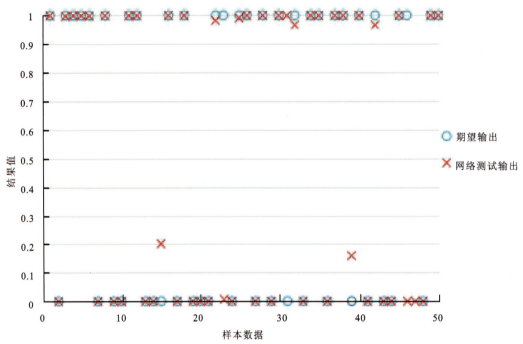

图 3.15　BP 神经网络测试集结果散点图

从图 3.15 中不难发现,在 50 组测试集样本中,44 组测试样本预测结果比较理想,"期望输出"与"网络测试输出"非常接近,总体正确率为 88%。总的来说,应用 BP 神经网络建立的滑坡稳定性模型基本符合工程需要,可以完成滑坡稳定性分析并进一步可以完成滑坡各指标因子的权重值输出。因此,根据神经网络程序可得出各易发性评价指标的权重,见表 3.4。

表 3.4　各评价指标权重值表

评价指标	斜坡结构	坡度	起伏度	地质构造	地层岩性
权重值	0.184 7	0.206 4	0.295 8	0.145 6	0.167 5

3.3　潜势度分区与评价

地质灾害潜势度是对地质灾害形成的控制因素的评价。影响地质灾害发育发生因素的多样性,使得地质灾害的潜势度计算注定是一个复杂的耦合过程。本次研究根据地质灾害空间分布特征及时间规律,结合地质环境因素综合分析,以历史地质灾害空间分布密度及发生的时间分布频率为主要指标,建立不同层次地质环境背景下的地质灾害潜势度计算指标,最后依据地质灾害的历史分布情况和诱发因素进行地质灾害潜势度区划。

具体方法步骤如下。

(1)根据黄冈市地质灾害分布规律和发育特点,确定地质灾害发生的主要影响因素,参与本次地质灾害潜势度计算分析。

(2)统计历史地质灾害在各个指标因素的空间分布密度,根据密度大小对选取的评价指标量化处理,将定性问题转为定量形式。

(3)建立 BP 神经网络指标权重模型,通过训练网络确定各指标因素权重值。

(4)在 ArcGIS 平台上统筹指标定量结果与各指标权重值,进行多因素叠加分析,将黄冈市按各参

第 3 章 黄冈市地质灾害气象预警分区

评因素划分为地质灾害易发性各异的多个分区。

(5)根据计算出地质灾害易发性综合评价得分结果,按得分的高低进行黄冈市地质灾害潜势度分区。其等级可划分为潜势度高、潜势度较高、潜势度中等和潜势度低 4 个。

采用加权的方法计算各分区地质灾害潜势度综合评价值,其数学模型如下。

$$H = \sum_{i=1}^{n} w_i \cdot F_i \tag{3-2}$$

式中:H 为单元潜势度概率量化值;n 为评价单元内评价指标的数量;F_i 为评价单元内评价指标量化值;w_i 为评价单元内评价指标的权重值。

根据上述数学模型,利用 ArcGIS 软件进行相关计算分析,获得各个栅格单元潜势度概率量化值,并使用自然断点法,将研究区划分为潜势度高区、潜势度较高区、潜势度中等区和潜势度低区 4 个等级,见图 3.16。

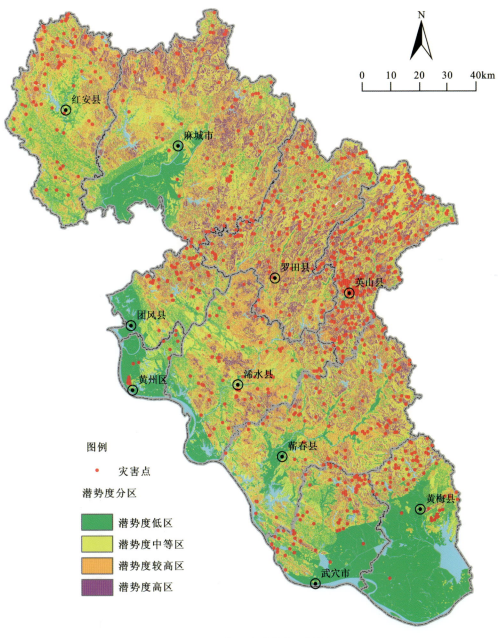

图 3.16 黄冈市潜势度区划图

根据潜势度区划图分析,黄冈市地质灾害易发程度特点见表3.5。

表3.5 黄冈市地质灾害潜势度分区情况表

分区	分区面积 (km^2)	占全市面积 比重(%)	区内灾害点 数量(处)	与灾害点总 数比(%)	灾害点密度 (处/km^2)
潜势度高区	1 662.62	10.33	386	24.17	0.232 2
潜势度较高区	4 286.36	26.62	628	39.33	0.146 5
潜势度中等区	6 318.22	39.25	513	32.12	0.081 2
潜势度低区	3 832.23	23.80	70	4.38	0.018 3

(1)潜势度高区。黄冈市地质灾害潜势度高区域面积1 662.62 km^2,占总面积的10.33%;区内地质灾害点数量共有386处,占灾害点总数的24.17%。其灾害点密度为0.232 2处/km^2。潜势度高区域主要集中于黄冈市东北部,其中红安县北部七里坪镇,麻城市北部乘马岗镇、福田河镇及东部龟峰山景区周围以及罗田县和英山县整个县域内均分布较集中。根据历史地质灾害统计数据可知,以上区域均为地质灾害发生频繁区域,黄冈市大多数历史灾害均发生在上述区域,因此该结果一定程度上验证了潜势度分区的可靠性。

(2)潜势度较高区。黄冈市地质灾害潜势度较高区域面积4 286.36 km^2,占总面积的26.62%,区内地质灾害点数量共有628处,占灾害点总数的39.33%。其灾害点密度为0.146 5个/km^2。潜势度较高区域主要集中于黄冈市北部及中部,集中分布于红安县中部杏花乡、永佳河镇,麻城市东南部张家畈镇、盐田河镇,罗田县三里畈镇、匡河镇,蕲春县张榜镇、刘河镇,浠水县洗马镇、关口镇等。

(3)潜势度中等区。黄冈市地质灾害潜势度中等区域面积6 318.22 km^2,占总面积的39.25%,区内地质灾害点数量共有513处,占灾害点总数的32.13%。其灾害点密度为0.081 2个/km^2。潜势度中等区域主要集中于黄冈市中部,集中分布于浠水县汪岗镇、竹瓦镇、蔡河镇,团风县回龙山镇、但店镇,武穴市赤东镇、梅川镇、漕河镇,黄梅县停前镇等。

(4)潜势度低区。黄冈市地质灾害潜势度低区域面积3 832.23 km^2,占总面积的23.80%,区内地质灾害点数量共有70处,占灾害点总数的4.38%。其灾害点密度为0.018 3个/km^2。潜势度低区域主要集中于黄冈市西南部,以黄梅县南部蔡山镇、孔垄镇、小池镇等,武穴市市区、石佛寺镇、花桥镇等,黄州区至江北农场段以及麻城市市区、南部铁门岗乡、白果镇为主。该区域内以平原地貌为主,高差小,受地质构造影响小,地表稳定性好。

第4章 地质灾害气象风险预警模型研究

地质灾害气象风险预警的关键问题即构建气象预警模型。本研究采用以刘传正为首的研究团队研制的第二代地质灾害气象预警模型——地质灾害致灾因素的概率量化模型，模型以研究区域内单位面积出现地质灾害危险的概率(H)为基础，与降雨因子诱发地质灾害事件发生的概率(Y)大小进行耦合，得出某片区域内会因为降雨因子而导致地质灾害事件发生的概率(T)。前节通过信息量法分级赋值将研究区划分为413个地质小区，结合权重模型得到H量化值，要想得到预警概率T值，关键在于解决Y量化值。

本研究通过滑坡与降雨的关联性分析，在确定关联的降雨天数基础上提出本区域的有效降雨量模型与临界降雨量判据，再通过不断训练模型实现对地质环境背景因子和降雨因子权值的重新分配，最后采用滑坡灾害致灾因素的概率量化模型将各地质背景分区的地质环境因子与其降雨因子进行叠加耦合建立预警指标体系，确定黄冈市降雨型滑坡气象预警等级。本书研究目的在于提升地质灾害气象预警精度与可信度，为区域性公众防灾自救和政府防灾管理提供科学依据。

4.1 预警模型技术路线

大量研究资料表明，地质环境条件是地质灾害发生的内部因素，气象条件是地质灾害的外因。本研究从黄冈市地质灾害产生的机理分析出发，开展统计分析，将统计结果与机理研究结合起来。首先分析黄冈市历史上发生地质灾害的分布、种类及所处的地质环境条件，确定地质灾害发生的敏感性因子，然后针对不同气象条件，分析雨量因子，开展预警预报模型的方法研究，最终分区建立符合黄冈特点的地质灾害气象风险预警模型，确定预警等级。

本书采用地质灾害致灾因素的概率量化模型预警方法，预警模型研究技术路线如图4.1所示。

4.2 基于统计分析的逻辑回归模型

逻辑回归模型是一个结合了统计模型和确定性模型的较好模型。在多元回归分析中，常要求因变量是连续变量，而降雨诱发滑坡却是不连续的二元变量，因此，本书采用逻辑回归分析中的Binary Logistic回归模型，探讨在特定降雨条件下滑坡发生的概率。

黄冈市滑坡灾害与降雨强度和前期雨量均有关，降雨强度可以用日降雨量来表示。为确定前期雨量与滑坡之间的关系，通过滑坡发生与之前数日降雨量的逻辑回归分析计算滑坡发生与各日降雨量的相关系数。即假设在降雨（作为自变量）影响下，发生滑坡时的概率为1，不发生滑坡时的概率为0。根据统计数学原理，包含一个以上自变量的回归模型如下：

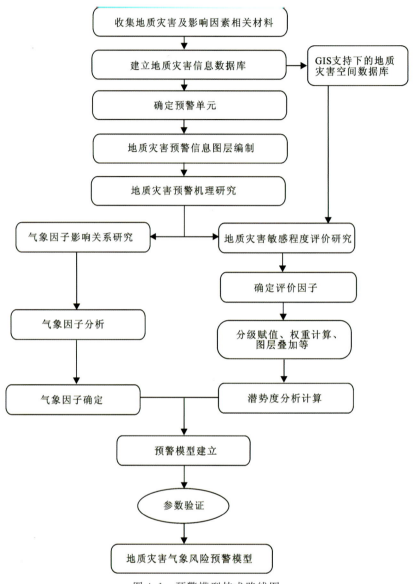

图 4.1 预警模型技术路线图

$$P = \frac{e^z}{1+e^z} \tag{4-1}$$

式中：$Z = B_0 + B_1 X_1 + \cdots + B_n X_n$；$B_n$ 为回归系数；X_n 为累积 n 天的降雨量，单位为 mm；P 为滑坡灾害事件发生的概率，无量纲。

式(4-1)可用于预测降雨条件下滑坡灾害发生概率，其要点是降雨诱发滑坡数据、降雨因子的筛选和逻辑回归方程的拟合。

选取 2016 年 6—7 月英山县、罗田县滑坡集中发育时段的有效降雨量数据（表 4.1），利用逻辑回归模型求取有效降雨量与滑坡发生的相关系数。其中，因变量为是否有滑坡发生，当日滑坡发生定义为 1，没有滑坡发生定义为 0；自变量为滑坡发生前的每日降雨量，即选取当日降雨量至前七日降雨量（七日降雨量）数据。

第 4 章　地质灾害气象风险预警模型研究

表 4.1　2016 年 6—7 月英山县、罗田县雨量数据表

时间 （年-月-日）	当日	前一日	前两日	前三日	前四日	前五日	前六日	前七日	判断
2016-06-18	184.5	0	0	0.4	0	0	0	16.4	1
2016-06-19	29.3	184.5	0	0	0.4	0	0	0	1
2016-06-20	2.7	29.3	184.5	0	0	0.4	0	0	1
2016-06-21	4	2.7	29.3	184.5	0	0	0.4	0	1
2016-06-22	2.4	4	2.7	29.3	184.5	0	0	0.4	0
2016-06-23	0	2.4	4	2.7	29.3	184.5	0	0	0
2016-06-24	64.6	0	2.4	4	2.7	29.3	184.5	0	0
2016-06-25	26.8	64.6	0	2.4	4	2.7	29.3	184.5	0
2016-06-26	24.1	26.8	64.6	0	2.4	4	2.7	29.3	1
2016-06-27	27.2	24.1	26.8	64.6	0	2.4	4	2.7	0
2016-06-28	6.8	27.2	24.1	26.8	64.6	0	2.4	4	0
2016-06-29	0	6.8	27.2	24.1	26.8	64.6	0	2.4	0
2016-06-30	73	0	6.8	27.2	24.1	26.8	64.6	0	1
2016-07-01	102.5	73	0	6.8	27.2	24.1	26.8	64.6	1
2016-07-02	84	102.5	73	0	6.8	27.2	24.1	26.8	1
2016-07-03	59.7	84	102.5	73	0	6.8	27.2	24.1	1
2016-07-04	28.4	59.7	84	102.5	73	0	6.8	27.2	1
2016-07-05	41	28.4	59.7	84	102.5	73	0	6.8	1
2016-07-06	34.6	41	28.4	59.7	84	102.5	73	0	0
2016-07-07	0	34.6	41	28.4	59.7	84	102.5	73	0
2016-07-08	8.2	0	34.6	41	28.4	59.7	84	102.5	0
2016-07-09	0	8.2	0	34.6	41	28.4	59.7	84	0
2016-07-10	4.6	0	8.2	0	34.6	41	28.4	59.7	0
2016-07-11	16.3	4.6	0	8.2	0	34.6	41	28.4	1
2016-07-12	0	16.3	4.6	0	8.2	0	34.6	41	0
2016-06-18	103.5	0	0	1.4	0	0	0	18.9	1
2016-06-19	47.3	103.5	0	0	1.4	0	0	0	1
2016-06-20	2.4	47.3	103.5	0	0	1.4	0	0	1
2016-06-21	1.6	2.4	47.3	103.5	0	0	1.4	0	0
2016-06-22	3.5	1.6	2.4	47.3	103.5	0	0	1.4	1
2016-06-23	0	3.5	1.6	2.4	47.3	103.5	0	0	0
2016-06-24	81.4	0	3.5	1.6	2.4	47.3	103.5	0	0
2016-06-25	21	81.4	0	3.5	1.6	2.4	47.3	103.5	0
2016-06-26	15.1	21	81.4	0	3.5	1.6	2.4	47.3	0
2016-06-27	8	15.1	21	81.4	0	3.5	1.6	2.4	0

续表 4.1

时间 (年-月-日)	当日	前一日	前两日	前三日	前四日	前五日	前六日	前七日	判断
2016-06-28	4.7	8	15.1	21	81.4	0	3.5	1.6	0
2016-06-29	0	4.7	8	15.1	21	81.4	0	3.5	0
2016-06-30	82.8	0	4.7	8	15.1	21	81.4	0	1
2016-07-01	90.6	82.8	0	4.7	8	15.1	21	81.4	1
2016-07-02	94.8	90.6	82.8	0	4.7	8	15.1	21	1
2016-07-03	68.3	94.8	90.6	82.8	0	4.7	8	15.1	1
2016-07-04	34.4	68.3	94.8	90.6	82.8	0	4.7	8	1
2016-07-05	59.1	34.4	68.3	94.8	90.6	82.8	0	4.7	1
2016-07-06	56.2	59.1	34.4	68.3	94.8	90.6	82.8	0	1
2016-07-07	1.5	0	56.2	59.1	34.4	68.3	94.8	90.6	0

将上述当日降雨、前一日至前七日降雨作为自变量逐一导入 SPSS 软件,计算各自变量的相关统计量,逐一增加自变量个数即降雨天数,观察降雨状况对滑坡灾害的影响情况。滑坡发生当日至前几日的降雨影响分析结果如表 4.2—表 4.6 所述。

(1)滑坡发生当日统计计算(表 4.2)。

表 4.2 当日计算结果统计表

拟合优度检验	－2 对数似然	考克斯-斯奈尔 R^2	内戈尔科 R^2
	46.057	0.304	0.405
判断准确率	判断不发生灾害的准确率	判断发生灾害的准确率	综合准确率
	86.4	69.6	77.8
分项统计量	B 值	显著性检验	是否满足(<0.05)
	当日常量	0.044	0.002	√
		－1.269	0.011	√

(2)滑坡发生当日及前一日情况统计计算(表 4.3)。

表 4.3 两日计算结果统计表

拟合优度检验	－2 对数似然	考克斯-斯奈尔 R^2	内戈尔科 R^2
	41.520	0.371	0.494
判断准确率	判断不发生灾害的准确率	判断发生灾害的准确率	综合准确率
	77.3	73.9	75.6
分项统计量		B 值	显著性检验	是否满足(<0.05)
	当日	0.035	0.008	√
	前一日	0.025	0.028	√
	常量	－1.825	0.003	√

(3)滑坡发生当日及前两日天情况统计计算(表4.4)。

表4.4 三日计算结果统计表

拟合优度检验	－2对数似然	考克斯-斯奈尔 R^2	内戈尔科 R^2
	34.415	0.463	0.617
判断准确率	判断不发生灾害的准确率	判断发生灾害的准确率	综合准确率
	81.8	87.0	84.4
分项统计量		B 值	显著性检验	是否满足(＜0.05)
	当日	0.046	0.003	√
	前一日	0.019	0.010	√
	前两日	0.030	0.032	√
	常量	－3.025	0.001	√

(4)滑坡发生当日及前三日情况统计计算(表4.5)。

表4.5 四日计算结果统计表

拟合优度检验	－2对数似然	考克斯-斯奈尔 R^2	内戈尔科 R^2
	31.902	0.492	0.656
判断准确率	判断不发生灾害的准确率	判断发生灾害的准确率	综合准确率
	90.9	87.0	88.9
分项统计量		B 值	显著性检验	是否满足(＜0.05)
	当日	0.053	0.003	√
	前一日	0.024	0.046	√
	前两日	0.030	0.037	√
	前三日	0.028	0.012	√
	常量	－3.939	0.019	√

(5)滑坡发生当日及前四日情况统计计算(表4.6)。

表4.6 五日计算结果统计表

拟合优度检验	－2对数似然	考克斯-斯奈尔 R^2	内戈尔科 R^2
	31.809	0.493	0.657
判断准确率	判断不发生灾害的准确率	判断发生灾害的准确率	综合准确率
	90.9	87.0	88.9
分项统计量		B 值	显著性检验	是否满足(＜0.05)
	当日	0.054	0.003	√
	前一日	0.024	0.062	×
	前两日	0.030	0.036	√
	前三日	0.017	0.129	×
	前四日	0.004	0.757	×
	常量	－4.067	0.003	√

由表可知,随着不同天数的降雨量进入逻辑回归模型,模型对数据的拟合度越高。随着降雨日数的增加,在计算到前三日时的相关系数分别为 0.492 和 0.656,说明在因变量变异中,49.2%~65.6%是由自变量而引起的。

分项统计量中包括常数项和自变量模型,以概率值 0.5 作为地质灾害发生与否的分界点,将所分出的预测值与实际数据进行比较。随着累计降雨日数的增加,当计算天数到前四日及之前时,模型系数不满足显著性检验,且后续自变量的相关系数也越小,接近为 0。由此可知,黄冈市的汛期滑坡主要是由短期降雨过程诱发的,与滑坡发生前三日累计降雨量的相关系数最高,三日以上的累计降雨的影响较小。因此,研究黄冈市地质灾害的有效雨量只需要考虑滑坡灾害点发生之前的三日累计降雨量和未来 24 小时的预测降雨量。

4.3 气象预警判据研究

本节从确定降雨型滑坡气象预警判据的目标出发,分别讨论滑坡发生与降雨类型、降雨强度、降雨时长、降雨累积量的关系,以建立有效降雨量模型。针对 413 个地质分区分别统计其降雨量临界值,提出黄冈市地质灾害气象预警判据。

4.3.1 有效雨量模型

有效雨量模型主要以前期雨量、有效雨量、日雨量与预报雨量作为地质灾害预警指标。为了更好地反映降雨对地质灾害的作用,采用日综合有效累积雨量的预警计算模型计算地质灾害发生时候的降雨量。计算公式如下:

$$R = R_y + \sum_{i=0}^{n}(a^i \cdot R_i) \tag{4-2}$$

式中:R 为有效雨量,单位为 mm;R_y 为预测降雨量,单位为 mm;a 为前期降雨影响时间衰减系数,经验推荐取值 0.8;R_i 为前 i 天实测雨量,单位为 mm。当 $i=0$ 时,为当天降雨量。基于黄冈市已有的气象预警成果,预测降雨量与实测雨量均由当地气象局提供,可从气象预警系统中实时获取。

4.3.2 临界降雨量判据研究

建立黄冈市近 10 年降雨量数据及历史滑坡灾害信息数据库,选择滑坡发生前三日和当日的降雨量信息计算有效雨量。在前文中,我们根据地质因素组合情况,将黄冈市划分为 413 个地质分区,分别统计各地质分区灾害发生时的降雨量临界值。R_{max} 为该地质区引发滑坡灾害的历史最大降雨量,剔除了较为分散的数据量。R_{min} 为该地质区历史上能够引发滑坡灾害的最小降雨量。

由于雨量站数据及历史地质灾害的统计数据不足,不能完全理想地统计出各个分区内的降雨临界值,存在无明确雨量数据及滑坡灾害数据的区域。对于这些区域,采取"近似原则",选择地质背景相近的分区降雨临界值作为其临界值。各地质分区降雨量临界值见图 4.2、图 4.3 和表 4.7。

第 4 章 地质灾害气象风险预警模型研究

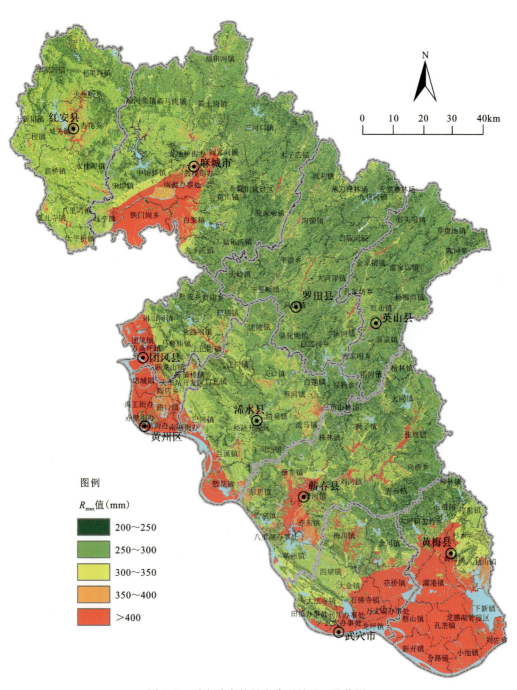

图 4.2 引发致灾的最大降雨量 R_{max} 取值图

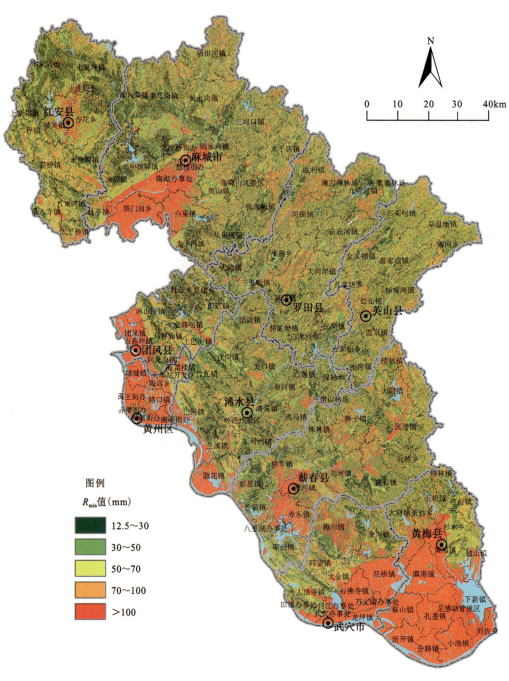

图 4.3 引发致灾的最小降雨量 R_{min} 取值图

第 4 章　地质灾害气象风险预警模型研究

表 4.7　降雨量临界值表

编号	地质分区	R_{max}(mm)	R_{min}(mm)	编号	地质分区	R_{max}(mm)	R_{min}(mm)	编号	地质分区	R_{max}(mm)	R_{min}(mm)
1	11211	311.7	31.5	139	22421	311.7	31.5	277	33424	266.9	93.3
2	11212	311.7	31.5	140	22422	302.8	51.7	278	34111	311.7	31.5
3	11213	311.7	31.5	141	22423	255.4	30.0	279	34112	311.7	31.5
4	11214	311.7	31.5	142	22424	255.4	30.0	280	34113	311.7	31.5
5	11221	311.7	31.5	143	23111	542.8	200.0	281	34114	311.7	31.5
6	11222	311.7	31.5	144	23112	303.7	112.4	282	34121	311.7	31.5
7	11223	311.7	31.5	145	23113	303.7	112.4	283	34122	311.7	31.5
8	11224	311.7	31.5	146	23114	461.2	112.4	284	34123	311.7	31.5
9	11411	311.7	31.5	147	23121	330.9	84.2	285	34124	311.7	31.5
10	11413	311.7	31.5	148	23122	290.9	118.7	286	34211	311.7	31.5
11	11414	311.7	31.5	149	23123	230.9	64.2	287	34212	238.2	41.6
12	11421	311.7	31.5	150	23124	230.9	64.2	288	34213	288.2	101.6
13	11422	311.7	31.5	151	23211	311.7	31.5	289	34214	368.2	56.0
14	11423	311.7	31.5	152	23212	311.7	31.5	290	34221	311.7	31.5
15	11424	311.7	31.5	153	23213	311.7	31.5	291	34222	272.5	55.4
16	12211	236.0	31.5	154	23214	311.7	31.5	292	34223	320.5	56.0
17	12212	236.0	31.5	155	23221	311.7	31.5	293	34224	272.5	67.7
18	12213	226.9	83.9	156	23222	311.7	31.5	294	34311	348.7	75.7
19	12214	236.0	41.5	157	23223	311.7	31.5	295	34312	288.7	75.7
20	12221	214.7	31.5	158	23224	271.4	39.1	296	34313	293.2	45.3
21	12222	214.7	37.1	159	23311	271.4	39.1	297	34314	293.2	45.3
22	12223	214.7	37.1	160	23312	315.1	60.5	298	34321	318.6	70.2
23	12224	214.7	37.1	161	23313	315.1	60.5	299	34322	288.6	38.1
24	12311	311.7	31.5	162	23314	326.2	30.4	300	34323	256.0	75.4
25	12312	311.7	31.5	163	23321	346.2	30.4	301	34324	240.0	42.1
26	12313	311.7	31.5	164	23322	284.2	79.3	302	34411	382.0	88.2
27	12314	311.7	31.5	165	23323	231.3	29.7	303	34412	282.0	88.2
28	12321	311.7	31.5	166	23324	260.8	75.9	304	34413	230.1	64.9
29	12322	311.7	31.5	167	23411	260.8	84.8	305	34414	286.2	64.9
30	12323	311.7	31.5	168	23412	315.1	60.5	306	34421	281.4	38.2
31	12324	311.7	31.5	169	23413	300.7	84.8	307	34422	281.4	38.2
32	12411	311.7	31.5	170	23414	260.8	64.2	308	34423	269.1	75.4
33	12412	311.7	31.5	171	23421	238.6	64.2	309	34424	308.7	31.9
34	12413	311.7	31.5	172	23422	238.6	62.6	310	41211	311.7	31.5

续表 4.7

编号	地质分区	R_{max}(mm)	R_{min}(mm)	编号	地质分区	R_{max}(mm)	R_{min}(mm)	编号	地质分区	R_{max}(mm)	R_{min}(mm)
35	12414	311.7	31.5	173	23423	238.6	62.6	311	41212	311.7	31.5
36	12421	311.7	31.5	174	23424	322.1	100.1	312	41213	311.7	31.5
37	12422	281.5	60.9	175	24111	311.7	31.5	313	41214	311.7	31.5
38	12423	281.5	60.9	176	24112	311.7	31.5	314	41221	311.7	31.5
39	12424	268.9	25.0	177	24113	311.7	31.5	315	41222	311.7	31.5
40	13111	542.8	200.0	178	24114	311.7	31.5	316	41223	311.7	31.5
41	13112	542.8	200.0	179	24121	311.7	31.5	317	41224	311.7	31.5
42	13113	342.8	180.0	180	24122	311.7	31.5	318	41411	311.7	31.5
43	13114	368.7	180.0	181	24123	311.7	31.5	319	41412	311.7	31.5
44	13121	281.5	60.9	182	24124	311.7	31.5	320	41413	311.7	31.5
45	13122	281.5	60.9	183	24211	311.7	31.5	321	41414	311.7	31.5
46	13123	239.5	33.9	184	24212	240.5	39.4	322	41421	311.7	31.5
47	13124	239.5	33.9	185	24213	274.8	62.2	323	41422	311.7	31.5
48	13211	311.7	31.5	186	24214	324.8	31.5	324	41423	311.7	31.5
49	13212	311.7	31.5	187	24221	262.3	33.0	325	41424	311.7	31.5
50	13213	311.7	31.5	188	24222	262.3	33.0	326	42211	311.7	31.5
51	13214	311.7	31.5	189	24223	242.5	43.6	327	42212	311.7	31.5
52	13221	311.7	31.5	190	24224	282.5	72.0	328	42213	263.6	29.3
53	13222	311.7	31.5	191	24311	348.9	88.2	329	42214	263.6	31.5
54	13223	311.7	31.5	192	24312	348.9	88.2	330	42221	289.0	33.5
55	13224	311.7	31.5	193	24313	318.4	42.7	331	42222	248.5	60.9
56	13311	312.7	60.9	194	24314	312.7	77.4	332	42223	228.9	43.5
57	13312	342.7	60.9	195	24321	264.1	64.5	333	42224	256.7	113.8
58	13313	244.1	20.3	196	24322	274.9	16.2	334	42311	311.7	31.5
59	13314	297.3	92.1	197	24323	250.3	23.8	335	42312	311.7	31.5
60	13321	351.2	30.3	198	24324	267.8	92.8	336	42313	311.7	31.5
61	13322	274.9	97.1	199	24411	248.2	72.4	337	42314	311.7	31.5
62	13323	288.9	41.1	200	24412	292.1	73.8	338	42321	311.7	31.5
63	13324	283.5	88.0	201	24413	295.7	98.1	339	42322	311.7	31.5
64	13411	311.7	31.5	202	24414	295.7	98.1	340	42323	311.7	31.5
65	13412	324.4	69.0	203	24421	355.3	126.8	341	42324	311.7	31.5
66	13413	324.4	69.0	204	24422	246.3	29.3	342	42411	272.2	72.0
67	13414	324.4	169.0	205	24423	268.9	20.4	343	42412	272.2	72.0
68	13421	324.4	69.0	206	24424	305.3	75.3	344	42413	272.2	72.0
69	13422	338.4	124.6	207	31211	311.7	31.5	345	42414	272.2	72.0
70	13423	286.7	151.3	208	31212	311.7	31.5	346	42421	266.3	19.5
71	13424	284.8	12.5	209	31213	311.7	31.5	347	42422	246.5	30.2

第4章 地质灾害气象风险预警模型研究

续表 4.7

编号	地质分区	$R_{\max}$(mm)	$R_{\min}$(mm)	编号	地质分区	$R_{\max}$(mm)	$R_{\min}$(mm)	编号	地质分区	$R_{\max}$(mm)	$R_{\min}$(mm)
72	14111	311.7	31.5	210	31214	311.7	31.5	348	42423	231.6	26.8
73	14112	311.7	31.5	211	31221	311.7	31.5	349	42424	231.6	26.8
74	14113	311.7	31.5	212	31222	311.7	31.5	350	43111	505.7	91.8
75	14114	311.7	31.5	213	31223	311.7	31.5	351	43112	305.7	91.8
76	14121	311.7	31.5	214	31224	311.7	31.5	352	43113	245.7	41.8
77	14122	311.7	31.5	215	31411	311.7	31.5	353	43114	315.3	51.8
78	14123	311.7	31.5	216	31413	311.7	31.5	354	43121	313.2	64.5
79	14124	311.7	31.5	217	31414	311.7	31.5	355	43122	335.5	64.5
80	14211	311.7	31.5	218	31421	311.7	31.5	356	43123	335.5	14.3
81	14212	311.7	63.5	219	31422	311.7	31.5	357	43124	335.5	14.3
82	14213	304.7	128.5	220	31423	311.7	31.5	358	43211	311.7	31.5
83	14214	248.2	91.6	221	31424	311.7	31.5	359	43212	267.0	41.2
84	14221	311.7	31.5	222	32211	311.7	31.5	360	43213	311.7	31.5
85	14222	288.2	91.6	223	32212	213.8	29.3	361	43214	311.7	31.5
86	14223	318.2	91.6	224	32213	240.5	49.4	362	43221	311.7	105.0
87	14224	289.3	42.8	225	32214	320.0	41.9	363	43222	272.2	105.0
88	14311	205.0	33.7	226	32221	279.5	31.5	364	43223	272.2	72.0
89	14312	335.0	33.7	227	32222	219.5	96.6	365	43224	272.2	72.0
90	14313	285.0	70.8	228	32223	278.9	79.2	366	43311	290.2	108.9
91	14314	286.2	12.6	229	32224	267.0	31.5	367	43312	296.3	42.8
92	14321	289.3	125.1	230	32311	311.7	31.5	368	43313	310.5	70.5
93	14322	258.5	42.8	231	32312	311.7	31.5	369	43314	320.6	40.9
94	14323	219.6	67.5	232	32313	311.7	31.5	370	43321	223.2	47.9
95	14324	352.7	27.3	233	32314	311.7	31.5	371	43322	322.3	33.4
96	14411	286.2	83.8	234	32321	311.7	31.5	372	43323	311.7	19.6
97	14412	286.2	83.8	235	32322	311.7	31.5	373	43324	272.6	52.8
98	14413	295.6	84.7	236	32323	311.7	31.5	374	43411	305.2	80.0
99	14414	286.2	83.8	237	32324	311.7	31.5	375	43412	255.2	70.0
100	14421	282.0	52.4	238	32411	311.7	31.5	376	43413	382.6	138.0
101	14422	329.5	139.4	239	32412	267.9	31.5	377	43414	342.6	92.8
102	14423	273.6	66.8	240	32413	340.5	149.4	378	43421	282.6	100.5
103	14424	270.6	62.4	241	32414	340.5	149.4	379	43422	282.6	100.5
104	21211	311.7	31.5	242	32421	311.7	31.5	380	43423	226.9	16.6
105	21212	311.7	31.5	243	32422	368.7	62.5	381	43424	282.6	100.5
106	21213	311.7	31.5	244	32423	319.1	129.3	382	44111	311.7	31.5
107	21214	311.7	31.5	245	32424	288.4	61.3	383	44112	276.0	20.0
108	21221	311.7	31.5	246	33111	542.8	200.0	384	44113	311.7	31.5

续表 4.7

编号	地质分区	R_{max}(mm)	R_{min}(mm)	编号	地质分区	R_{max}(mm)	R_{min}(mm)	编号	地质分区	R_{max}(mm)	R_{min}(mm)
109	21222	311.7	31.5	247	33112	411.5	93.3	385	44114	311.7	31.5
110	21223	311.7	31.5	248	33113	320.5	93.3	386	44121	311.7	106.1
111	21224	311.7	31.5	249	33114	542.8	150.0	387	44122	311.7	77.4
112	21411	311.7	31.5	250	33121	313.2	40.0	388	44123	311.7	31.5
113	21413	311.7	31.5	251	33122	330.0	53.7	389	44124	311.7	31.5
114	21414	311.7	31.5	252	33123	330.0	53.7	390	44211	311.7	31.5
115	21421	311.7	31.5	253	33124	330.0	53.7	391	44212	262.8	49.5
116	21422	311.7	31.5	254	33211	311.7	31.5	392	44213	286.8	92.0
117	21423	311.7	31.5	255	33212	311.7	31.5	393	44214	322.5	103.1
118	21424	311.7	31.5	256	33213	311.7	31.9	394	44221	300.5	103.1
119	22211	224.8	57.7	257	33214	311.7	31.5	395	44222	300.5	103.1
120	22212	364.8	57.7	258	33221	311.7	31.5	396	44223	270.5	85.0
121	22213	304.8	57.7	259	33222	311.7	31.5	397	44224	257.7	53.4
122	22214	324.8	74.3	260	33223	243.5	31.5	398	44311	365.7	124.9
123	22221	311.7	31.5	261	33224	243.5	47.6	399	44312	282.0	40.2
124	22222	297.4	85.0	262	33311	243.5	47.6	400	44313	224.1	84.3
125	22223	267.4	85.0	263	33312	270.0	77.4	401	44314	206.6	84.3
126	22224	253.3	63.9	264	33313	312.7	30.7	402	44321	254.2	71.6
127	22311	311.7	31.5	265	33314	312.7	92.1	403	44322	326.3	60.2
128	22312	311.7	31.5	266	33321	243.3	46.3	404	44323	308.5	70.1
129	22313	311.7	31.5	267	33322	312.8	27.8	405	44324	268.7	29.4
130	22314	311.7	31.5	268	33323	268.4	134.5	406	44411	217.4	64.0
131	22321	311.7	31.5	269	33324	279.8	42.8	407	44412	217.4	64.0
132	22322	311.7	31.5	270	33411	311.7	31.5	408	44413	280.6	120.9
133	22323	311.7	31.5	271	33412	313.2	99.3	409	44414	286.2	84.3
134	22324	311.7	31.5	272	33413	312.2	99.3	410	44421	338.6	65.5
135	22411	311.7	31.5	273	33414	312.2	99.2	411	44422	251.9	24.5
136	22412	302.8	48.8	274	33421	221.4	129.3	412	44423	268.0	63.8
137	22413	302.8	48.8	275	33422	221.4	90.6	413	44424	248.9	51.9
138	22414	302.8	48.8	276	33423	289.1	51.3				

根据上述降雨量临界值,结合有效雨量,可得到降雨引发滑坡结果量化值,公式如下:

$$Y = \frac{R - R_{min}}{R_{max} - R_{min}} \tag{4-3}$$

式中:Y 为降雨引发滑坡结果量化值;R 为有效雨量。当 $R < R_{min}$ 时,令 $R = R_{min}$。

4.4 建立气象预警模型

4.4.1 显示统计预警模型

采用显示统计预警模型——地质灾害致灾因素的概率量化模型,以研究区域潜势度计算结果量化值(H)为基础,与降雨因子诱发地质灾害事件发生的结果量化值(Y)大小进行耦合,得出栅格单元内因降雨而导致地质灾害事件发生的概率,模型原理如下:

$$T = \alpha H + \beta Y \tag{4-4}$$

式中:T为预警指数。要进行降雨型地质灾害气象预警,只要对公式中H和Y进行量化即可,具体操作如下:

(1)H——研究区潜势度计算结果量化值。

在上述章节中,笔者使用BP神经网络与GIS相互结合的模型,通过GIS提取内在影响因子的基础数据,根据历史地质灾害的空间分布规律量化处理,使用BP神经网络训练样本,拟合各因子之间的非线性关系,得出其权重大小,最后反馈GIS系统,实现对研究区内在影响因子的研究分析,即黄冈市潜势度区划研究,得到全市以150m×150m尺度的栅格单元的潜势度结果量化值。

(2)Y——降雨引发地质灾害的结果量化值。

在本章4.2.1小节中,笔者选择有效降雨量模型,通过分析黄冈市近10年的降雨资料数据和筛选全市所有的降雨型地质灾害,结合雨量站地理位置信息,并采取"近似原则"统计出不同地质因素背景分区下的灾害发生时的最大(R_{max})和最小(R_{min})降雨量,在有效降雨量的基础上叠加气象部门实时发布的未来测报雨量,得到预测有效降雨量R,代入式(4-3),可得降雨引发地质灾害的结果量化值。

(3)α、β——结果量化值相对应的权重系数。

α、β分别作为潜势度和降雨结果量化值的权重系数,从本质上反映的是潜势度和降雨这两个指标对预警结果值的影响程度,根据黄冈市历史地质灾害数据的统计分析结果,黄冈市中90%的地质灾害诱发因素为降雨。查阅相关文献,结合黄冈市地质灾害特征,选取经验值$\alpha=0.4$、$\beta=0.6$作为潜势度和降雨结果量化值各自对应的权重系数。

大量已发生的地质灾害实例表明,地质灾害的发生是由地层岩性、地质构造、地形地貌等多因素综合作用的结果,具有不确定性和随机性。某一区域地质灾害发生的可能性,事实上指地质灾害发生的概率,概率值越大,发生地质灾害的可能性就越大。从预警模型可知,引发一场降雨型的地质灾害事件,可能的情况分为两种:①坡体本身的稳定性较差,降雨和地质因素共同作用,导致灾害事件的发生;②坡体本身的稳定性较好,但由于降雨的作用很大,降雨占主导,引发灾害事件的发生。

4.4.2 气象预警分级

1. 预警分级

统计2011—2020年10年内汛期每日的有效降雨历史和灾害发生的位置、发生的数量情况,参考《地质灾害区域气象风险预警标准(试行)》(T/CAGHP 039—2018)中"地质灾害气象风险预警等级划分表",将计算的每日最终的预警指数T值分为4级,得到适用于黄冈地区地质灾害气象风险预警等级划分(表4.8)。

表 4.8 地质灾害气象风险预警等级划分表

预报等级	T 阈值	风险等级	措施建议
蓝色预警	$0.4 \leq T < 0.5$	风险较小	不公开发布
黄色预警	$0.5 \leq T < 0.6$	风险较大	注意防范
橙色预警	$0.6 \leq T < 0.7$	风险大	加强防范
红色预警	$T \geq 0.7$	风险很大	严密防范

2. 乡镇预警分级

根据栅格散点图中不同级别预警颜色在乡镇范围内的分布情况，确定乡镇级别的预警等级，其基本判别逻辑如下：

(1) 当一个乡镇行政范围内红色栅格面积与乡镇总面积之比大于 15% 时，该乡镇预警等级整体判定为红色预警等级。

(2) 不满足 (1) 条件时，橙色栅格面积与乡镇区内总面积之比大于 25%，或者红色、橙色栅格面积的和与乡镇总面积之比大于 15% 时，乡镇预警等级判定为橙色预警等级。

(3) 不满足 (1) 和 (2) 条件时，当黄色栅格面积与乡镇总面积之比大于 35%，或者红色、橙色栅格面积的和与乡镇总面积之比大于 10%，或者红色、橙色、黄色栅格面积的和与乡镇总面积之比大于 20% 时，乡镇预警等级判定为黄色预警等级。

(4) 不满足 (1) 至 (3) 条件时，当蓝色栅格面积与乡镇总面积之比大于 45%，或红色、橙色、黄色栅格面积的和与乡镇总面积之比大于 5% 时，乡镇预警等级判定为蓝色预警等级；

(5) 不满足 (1) 至 (4) 条件时，乡镇预警等级判定为白色非预警等级。

预警等级判定逻辑程序如图 4.4 所示。

栅格预警分级和乡镇预警分级为经验分级，是在统计分析的基础上划定的。前人对乡镇预警分级指标的研究较少，大部分学者也是通过统计预警栅格数量的占比情况划定乡镇预警级别，计算不同历史时期地质灾害发生时的乡镇预警情况，绝大部分发生的灾害点都落在预警区内，并且灾害发生的规模和变形迹象基本符合当前的预警级别，但还是需要在以后的工作中不断累计预警资料，与实际地质灾害发育情况和降雨情况作对比，进一步去检验、校正预警分级指标和预警模型阈值，不断提高气象风险预警准确率和精细化程度。

4.5 预警模型验证

4.5.1 预警模型区划验证

研究黄冈市在不同降雨强度下，全市域的风险分级分布情况。在地质灾害数据库中，2011—2020 年之间发生的精确到日的降雨诱发型地质灾害共有 840 处。其假定黄冈市域范围内统一下了 50mm、100mm、150mm、200mm、250mm、300mm 的有效降雨，分别引发的地质灾害数量如表 4.9 所示。从表中可以看出，黄冈市在不同降雨量阶段均有灾害点分布，其灾害点规模随着有效降雨量的增大而不断增大，部分灾害点虽然总体规模为中型或大型，但是在有效降雨量较小的情况下，发生变形和失稳的体积很小，多为 $1 \sim 2 m^3$ 的垮塌变形。

第 4 章 地质灾害气象风险预警模型研究

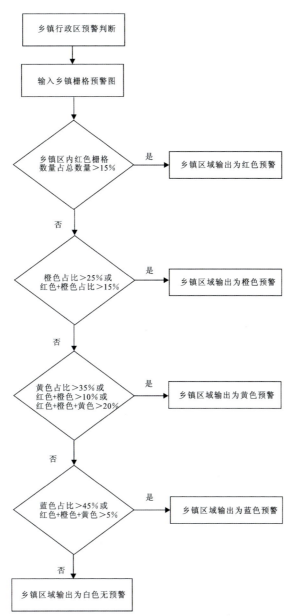

图 4.4 乡镇预警划分逻辑流程图

表 4.9 不同有效降雨量引发的地质灾害数量表

有效降雨量分段(mm)	灾害点数量(个)	数量占比(%)	灾害点性质及数量				规模分级		
			滑坡	崩塌	泥石流	不稳定斜坡	小型	中型	大型/特大型
0~50	77	9.17	58	5	2	12	77	0	0
50~100	121	14.40	71	9	2	39	120	1	0
100~150	120	14.29	90	6	0	24	119	1	0
150~200	133	15.83	98	9	6	20	131	1	1
200~250	113	13.45	86	7	5	15	111	2	0
250~300	130	15.48	100	4	8	18	128	2	0
>300	146	17.38	108	11	13	14	139	5	2
合计	840	100	611	51	36	142	825	12	3

通过前文建立的气象风险预警模型,计算地质灾害在有效降雨量分别为 50mm、100mm、150mm、200mm、250mm、300mm 时的气象风险分区结果,如图 4.5—图 4.10 所示。

图 4.5　0~50mm 有效降雨时黄冈市域气象预警分区情况

第 4 章 地质灾害气象风险预警模型研究

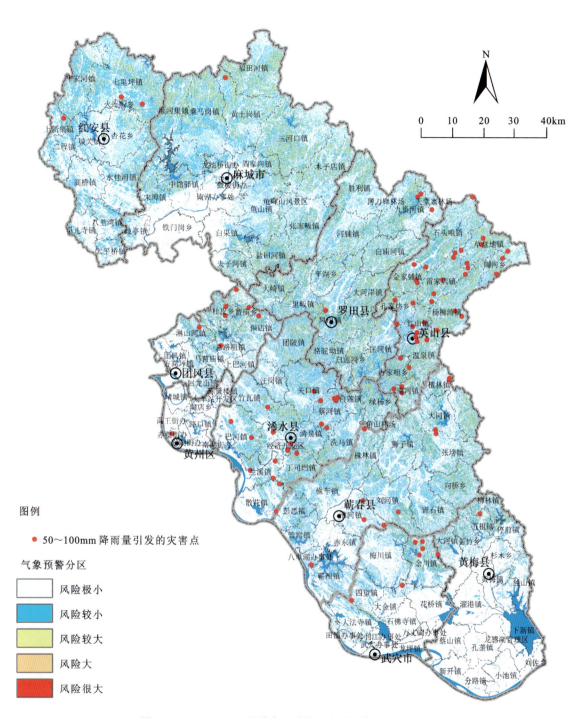

图 4.6　50～100mm 有效降雨时黄冈市域气象预警分区情况

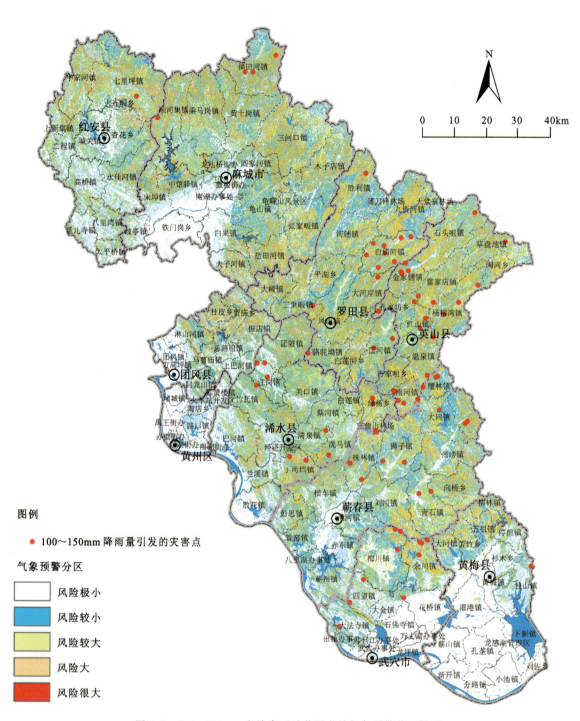

图 4.7　100～150mm 有效降雨时黄冈市域气象预警分区情况

第4章 地质灾害气象风险预警模型研究

图 4.8　150～200mm 有效降雨时黄冈市域气象预警分区情况

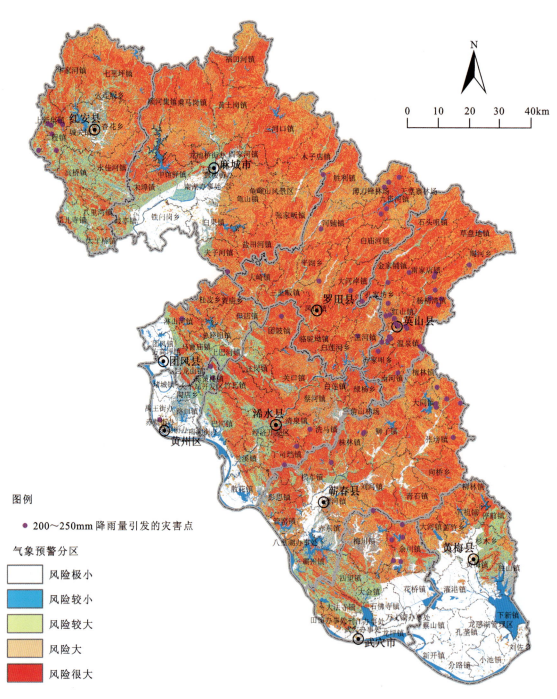

图 4.9　200~250mm 有效降雨时黄冈市域气象预警分区情况

第 4 章 地质灾害气象风险预警模型研究

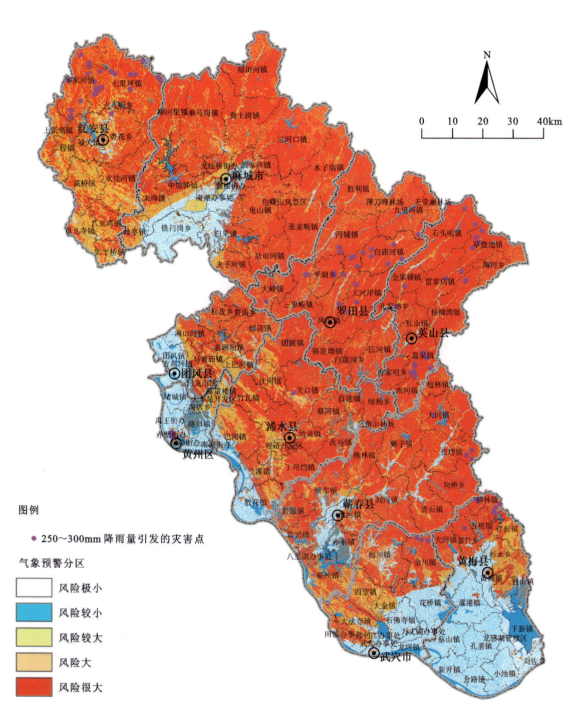

图 4.10　250～300mm 有效降雨时黄冈市域气象预警分区情况

气象风险预警分区在不同级别的有效降雨下的统计结果如表 4.10 所示。

表 4.10 不同有效降雨强度下气象风险预警分区统计结果表

分区内容		降雨量(mm)					
		50	100	150	200	250	300
风险极大区（红色预警）	面积(km²)	0	0	63.67	1 697.48	7 075.34	11 034.83
	面积占比(%)	0.00	0.00	0.39	10.29	42.89	66.90
	灾害点数量	0	0	1	27	60	105
	灾害点密度（处/100km²）	0	0	1.571	1.591	0.848	0.952
风险大区（橙色预警）	面积(km²)	0	0	1 343.75	4 885.95	4 068.55	2 019.55
	面积占比(%)	0.00	0.00	8.15	29.62	24.66	12.24
	灾害点数量	0	0	19	48	19	15
	灾害点密度（处/100km²）	0	0	1.414	0.982	0.467	0.743
风险较大区（黄色预警）	面积(km²)	0	1 111.17	4 890.17	4 301.23	2 105.22	898.15
	面积占比(%)	0.00	6.74	29.65	26.08	12.76	5.44
	灾害点数量	0	28	32	34	18	8
	灾害点密度（处/100km²）	0	2.520	0.654	0.790	0.855	0.891
风险较小区（蓝色预警）	面积(km²)	1 038.45	4 820.59	4 681.29	2 369.14	790.52	974.85
	面积占比(%)	6.30	29.22	28.38	14.36	4.79	5.91
	灾害点数量	25	55	45	21	15	2
	灾害点密度（处/100km²）	2.407	1.141	0.961	0.886	1.897	0.205
风险极小区（无预警）	面积(km²)	15 456.98	10 563.67	5 516.55	3 241.62	2 455.81	1 568.06
	面积占比(%)	93.70	64.04	33.44	19.65	14.89	9.51
	灾害点数量	52	38	23	3	1	0
	灾害点密度（处/100km²）	0.336	0.360	0.417	0.093	0.041	0.000

分析不同有效降雨强度下气象风险预警分区统计结果得出：在 50mm 和 100mm 降雨条件下，地质灾害主要集中于风险极小区（无预警）和风险较小区（蓝色预警），并未出现在极大、大风险区内。出现此现象的原因在于，设置风险降雨阈值时考虑的是一定地质条件区域内大多数地质灾害发生的降雨量，所以存在一些区域个别灾害点的降雨阈值小于整体区域降雨阈值，体现出低降雨量小时存在一定的漏报现象；在 150mm 降雨条件下，地质灾害点所占比例主要集中于风险较大区（黄色预警）和风险较小区（蓝色预警），出现小部分位于无风险区，整体大部分位于预警区内；在 200mm 降雨条件下，地质灾害点所占比例主要集中于风险大区（橙色预警），其次为风险极大区（红色预警）和风险较大区（黄色预警），整体均在预警区内；在 250mm 降雨条件下，风险极大（红色预警）和风险大（橙色预警）预警区所占比例较大，灾

害点也绝大部分集中于预警区内;在300mm降雨条件下,风险极大区(红色预警)所占面积比例最大,灾害点也主要集中于此区域内,可以看出在此降雨条件下所有地质灾害点均发生在风险大(橙色预警)和风险极大(红色预警)预警区内。从中可以得出结论:在同一降雨量下,预警等级所占面积比例最大时,灾害点数量也最多,预警区面积与此区域内灾害点数量变化趋势相同。

从以上分析可知,随着有效累计降雨量的增加,在风险极小区(无预警)所占面积和灾害点数量均大比例减小,而风险极大区(红色预警)所占面积和灾害点数量大幅度增加。风险大区(橙色预警)、风险较大区(黄色预警)以及风险较小区(蓝色预警)预警区面积所占比例呈现先增大后减小的变化趋势,且随着预警级别的提高,灾害点数量和预警区面积的峰值也在变大,风险较小区(蓝色预警)的峰值在100mm降雨量,风险较大区(黄色预警)的峰值在150mm降雨量,风险大区(橙色预警)的峰值在200mm降雨量。

4.5.2 预警模型历史验证

黄冈市2016年汛期降雨量大、发生的地质灾害事件较其他年份多,因此,本研究选择2016年6月28日至7月6日发生的地质灾害事件检验预警模型准确性,其基本情况如表4.11所示。

表4.11 2016年地质灾害发生时间的基本情况表

灾害发生月份	灾害点数量	最大有效降雨量(mm)
4	10	168.11
5	2	20.90
6	341	286.70
7	313	796.61

其中,2016年6—7月发生灾害点较多的时间如表4.12所示。

表4.12 2016年6—7月发生地质灾害的基本情况表

灾害发生日期	灾害点数量	灾害发生时有效降雨量范围(mm)	预警数量	命中率(%)
6月28日	14	45.71～171.38	13	92.85
6月29日	4	138.00～161.62	4	100
6月30日	36	83.40～259.11	36	100
7月1日	220	32.98～796.61	218	99.10
7月2日	28	167.02～418.40	27	96.43
7月3日	17	184.38～332.72	17	100
7月4日	10	62.38～365.99	9	90
7月5日	10	98.02～274.90	7	70
7月6日	19	64.17～347.84	14	73.68

以上述日期作为验证模型时间,其各日期全市域有效降雨量分布如图4.11—图4.28所示。

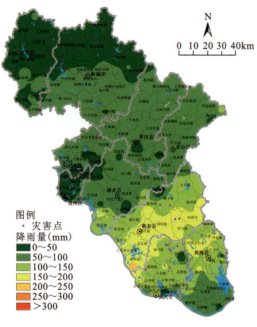

图 4.11　2016 年 6 月 28 日有效降雨分布图

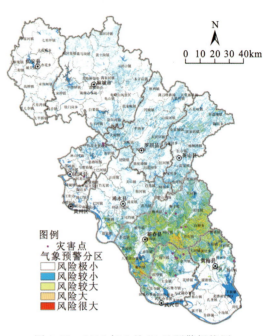

图 4.12　2016 年 6 月 28 日预警栅格图

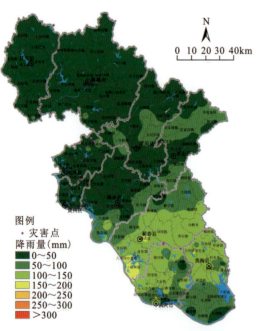

图 4.13　2016 年 6 月 29 日有效降雨分布图

图 4.14　2016 年 6 月 29 日预警栅格图

第 4 章 地质灾害气象风险预警模型研究

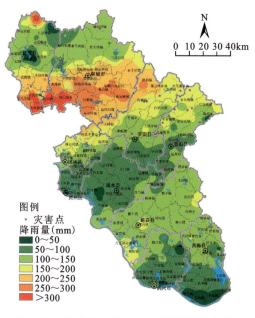

图 4.15 2016 年 6 月 30 日有效降雨分布图

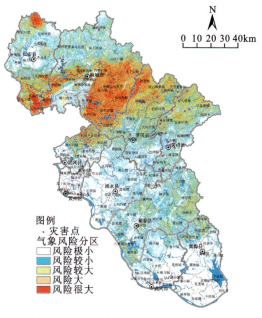

图 4.16 2016 年 6 月 30 日预警栅格图

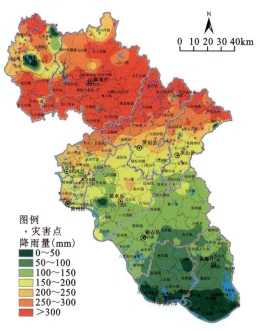

图 4.17 2016 年 7 月 1 日有效降雨分布图

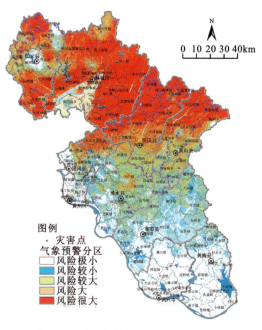

图 4.18 2016 年 7 月 1 日预警栅格图

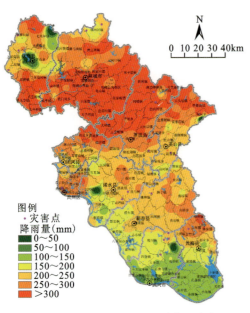

图 4.19　2016 年 7 月 2 日有效降雨分布图

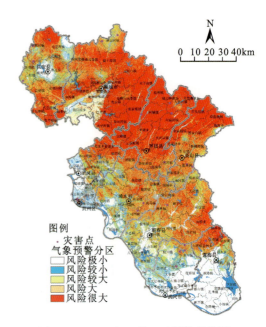

图 4.20　2016 年 7 月 2 日预警栅格图

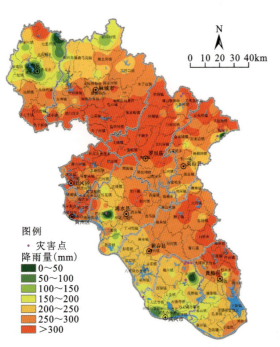

图 4.21　2016 年 7 月 3 日有效降雨分布图

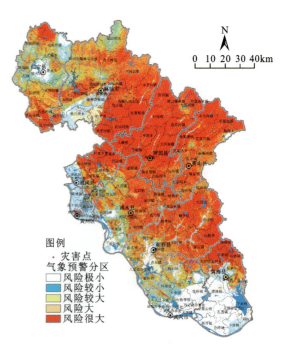

图 4.22　2016 年 7 月 3 日预警栅格图

第 4 章 地质灾害气象风险预警模型研究

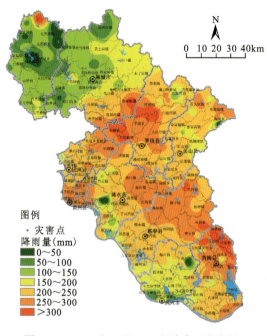

图 4.23 2016 年 7 月 4 日有效降雨分布图

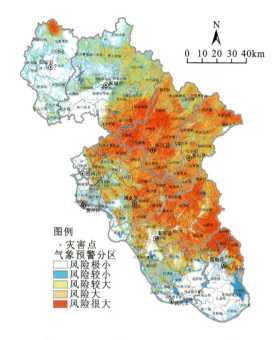

图 4.24 2016 年 7 月 4 日预警栅格图

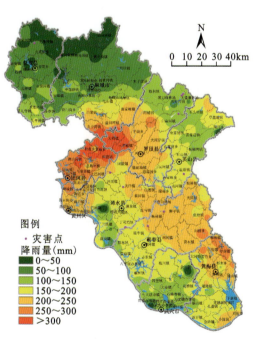

图 4.25 2016 年 7 月 5 日有效降雨分布图

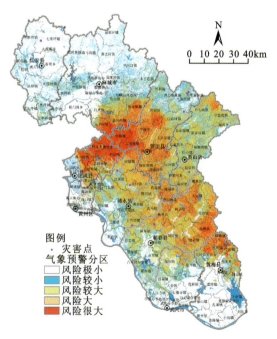

图 4.26 2016 年 7 月 5 日预警栅格图

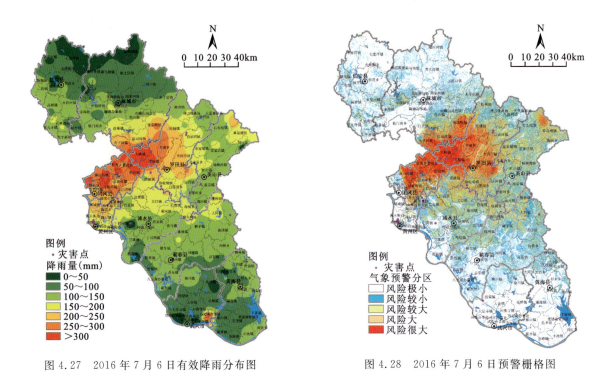

图 4.27　2016 年 7 月 6 日有效降雨分布图　　　　图 4.28　2016 年 7 月 6 日预警栅格图

由上图 4.18 可以看出,7 月 1 日发生的地质灾害数量最多,红色预警区和橙色预警区主要集中在 150mm 以上的强降雨区范围,风险预警区面积占全域面积的 78.5%(其中风险大区和风险很大区占全区面积的 38.4%),当日发生的地质灾害 195 处,其中绝大部分落在了风险大区和风险很大区,预警区内的地质灾害点共有 189 处,预警准确率达 97%。7 月 2 日之后,降雨中心逐渐南移,但是 7 月 2 日—7 月 4 日的红色预警区范围要远多于 7 月 1 日,灾害点数量却要少很多。这是因为要充分考虑到地质灾害的延后性,有效降雨量会累计一段时间,这样会导致暴雨过后,会持续 1~2d 的预警。

统计 6 月 28 日至 7 月 6 日发生的地质灾害点(表 4.12),发现落入预警区的命中率全部达 70% 以上,综合命中率达 97.30%。这表明本研究所建预警模型与黄冈地区地质背景分区、降雨过程特征相匹配,计算结果与当年汛期地质灾害事件发生情况一致性高、可信度强。

第 5 章　气象预警平台开发

5.1　系统总体概述

地质灾害精细化气象风险预警系统可实现对接入系统的多种来源的气象雨量资料信息进行管理，气象风险预警分析，气象风险预警产品管理及预警信息发布管理等，并最终实现与黄冈市地质灾害灾情报送系统的有机集成。系统总体建设要求如下。

（1）地质灾害气象风险预警系统建设应参照《地质灾害区域气象风险预警标准（试行）》(T/CAGHP 039—2018)行业标准执行。

（2）结合黄冈市地质灾害分布情况，结合地区灾害发生的主要因子和诱发因素等建设适合黄冈市地质灾害气象风险预警系统模型，能提高市、县（区）地质灾害气象风险预警成效。

（3）气象风险预警系统数据库建设应基于统一的数据标准结构的管理功能，实现气象预警数据标准聚合，为开展预警分析提供标准数据支撑。

（4）气象风险预警系统建设完成后，与黄冈市已有的地质灾害灾情报送系统进行功能集成、界面集成等，形成黄冈市地质灾害防治管理综合平台。

5.1.1　运行环境说明

系统运行的环境包括操作系统、数据库、应用服务器、Web 服务器和 B/S 客户端，具体如表 5.1 所示。

表 5.1　系统运行环境

编号	类型	名称	运行环境
1	操作系统	操作系统	Centos7
2	数据库	空间数据库引擎	MySQL 5.7
3	应用服务器	空间数据发布平台	GeoServer
4		Spring 框架	Spring5.2.6
5		软件开发工具包	JDK1.8
6		项目管理工具	Maven3.6.3
7	Web 服务器	Web 服务器	Tomcat
8	B/S 客户端	浏览器	谷歌、火狐、360 浏览器、IE11
9		地图服务	leaflet、openlayers
10		图表插件	Echarts

5.1.2 系统平台特点分析

1. 预警模型集应用

本项目气象预警模型研究根据黄冈市地质环境条件和降雨特征，以适应不同层级的地质灾害气象预警需求，构建常规预报、短时预报、临近预警和短期预测等预警模型集。多种模型联合应用不仅适用于黄冈市全区域的气象风险预警，也为地质灾害预警与应急响应提供决策依据。

2. 全方位精细化预警

黄冈市地质灾害精细化气象风险预警系统以地质灾害精细化气象风险预警为目标导向，从预警单元、预警时间、预警方式等角度，实现全方位精细化气象风险预警，并通过持续的运维服务，不断完善和校正气象预警模型，进一步提升气象风险预警模型精度。

3. 及时的预警响应

以本项目地质灾害气象风险预警分析结果和预警产品为基础，结合黄冈市地质灾害防治网格化管理体系，依托移动端报灾 APP，实现气象预警信息的精准推送和预警的快速响应，即网格员通过手机 APP 端接收到气象预警信息后，可进行现场核实和上报反馈，实现气象预警的快速响应和反馈。

5.1.3 系统整体架构

本项目的系统架构可分为原始数据层、数据存储层、后台服务层、Web 接口层，通过标准规范体系与安全保障体系对系统进行整体把控，系统总体架构如图 5.1 所示。

1. 原始数据层

原始数据层收集获取本系统所涉及的所有原始数据，包括气象降雨数据、实时监测数据、基础属性数据和基础地理数据。气象降雨数据和实时监测数据属于动态数据，即随时间发生变化的数据，系统需要按时获取更新。基础属性数据和基础地理数据属于静态数据，即短时间内不会发生变化的数据，不需要进行动态更新。

2. 数据存储层

数据存储层对原始数据层的数据和系统生产的数据进行预处理以及存储管理。对于原始数据层的静态数据和动态数据，分别设置批量导入引擎和实时接入引擎对相关数据进行解析、转换和加载，按照数据特性将其存储到相应的数据库以及文件夹。静态数据由于不会随时间改变以及具有整存整取的特点，因而使用文件系统对其进行存储管理；动态数据和系统生产的数据由于需要实时获取、更新和生产，故使用数据库系统对其进行存储管理。

3. 后台服务层

后台服务层可实现本系统的核心功能，并发布成服务以供 Web 接口层进行调用。后台服务层提供空间数据查询、属性数据查询、预警模型配置、预警模型计算、地图服务发布、空间叠置分析、用户权限管理以及数据异步备份等功能，基于 GeoServer 和 Apache Tomcat 服务器将核心功能发布成

第 5 章　气象预警平台开发

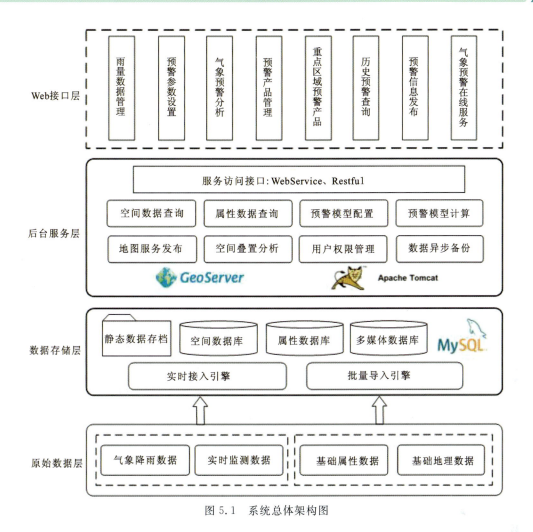

图 5.1　系统总体架构图

WebService，提供 Restful 风格的访问接口。

4. Web 接口层

Web 接口层提供与用户进行直接交互的 Web 界面，通过页面交互调用后台核心服务，完成系统业务，包括雨量数据管理模块、预警参数设置模块、气象预警分析模块、预警产品管理模块、重点区域预警产品模块、历史预警查询模块、预警信息发布模块和气象预警在线服务模块。Web 接口层提供统一友好的用户交互界面，使得用户能够以更低的成本使用本系统，并以可视化的方式直观地展示系统业务数据和预警产品。

5.1.4　系统功能模块

该系统主要包括雨量数据管理、预警参数设置、气象预警分析、预警产品管理、历史预警查询和预警信息发布等功能，具体功能组成如图 5.2 所示。

1. 雨量数据管理

系统可自动接入多种来源的数据，除支持水气象、水利部门专业渠道数据对接外，还支持地方自建雨量站数据的自动接入。

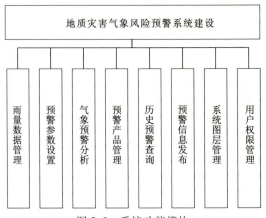

图 5.2 系统功能模块

雨量数据管理模块可实现对系统接入的历史雨量和气象预报雨量的管理。实况雨量管理是对集成的气象实况雨量、国土实况雨量、水文实况雨量数据进行查看;气象预报雨量数据管理可实现气象预报雨量查询浏览。

2. 预警参数设置

系统管理员可根据专家经验对已有系统模型参数进行优化调整,提升气象预警准确性。

3. 气象预警分析

气象预警分析模块主要实现预警模型[敏感性因素(如由地形、地貌、地层岩性、地质构造等因素的历史数据构建的地质灾害敏感性图)和诱发因素(如降雨量、降雨量等级、动态监测数据)构建的预警矩阵]计算。预警分析过程可分为因子检查和预警过程分析,实现对地质灾害气象预报数据的空间化、图形化展示,可对预警分析结果进行人工干预和调整。

在汛期或强降雨时间段,提高气象预警分析计算的时间频率,如 3h 预警、6h 预警、24h 预警等,可进一步提升气象预警的精细化程度。

4. 预警产品管理

针对分析生成的地质灾害气象预报产品数据,提供面向多种形式的产品输出功能。一是面向在线化服务和提供预警报告、结果信息等的在线化和接口化服务;二是基于产品文件实体服务,提供相关成果报告,文件自动生成输出。

5. 历史预警查询

历史预警查询模块可对历史预警信息进行查询、编辑和分析操作,支持按照时间进行查询预警记录,可以查看预警记录的详细信息。

6. 预警信息发布

预警信息发布是通过网络、短信、多媒体、电视台等方式对经过审核签批的预警成果进行发布,及时向地质灾害防治管理部门和社会大众发布地质灾害气象预警信息,支持对地质灾害预警信息进行快速检索,并可以查阅预报预警详细信息。通过短信方式发送预警需要与运营商短信平台进行对接。

7. 系统图层管理

系统图层管理功能负责组织系统可视化展示的各类图层,包括地质灾害基础数据图层(点、线和面)、预警分析结果图层、历史预警图层、历史雨量图层和预测降雨图层等。对于面图层,因其具有独占的特性,同一时间只能显示一个面图层。而对于点、线图层,则可以叠加显示。系统图层管理功能同时也支撑预警产品管理功能,可通过图层管理选择合适的预警图层,完成预警产品的制作。

8. 用户权限管理

地质灾害系统具有大量重要的隐私数据,用户权限管理功能限制了不同等级的用户对于系统功能的使用以及数据的获取。用户权限管理将所有用户分为普通用户、管理员和超级管理员 3 种等级。普通用户只具有查询和查看的权限;管理员可以执行预警分析模型,得到预警分析结果;超级管理员则具有预警产品管理以及预警信息发布的权限。

5.1.5 其 他

1. 编码规范

(1)明确方法功能,精确(而不是近似)地实现方法设计。如果一个功能将在多处实现,即使只有两行代码,也应该编写方法实现。

(2)应明确规定对接口方法参数的合法性检查应由方法的调用者负责还是由接口方法本身负责,缺省是由方法调用者负责。

(3)明确类的功能,精确(而不是近似)地实现类的设计。一个类仅实现一组相近的功能。划分类时,应该尽量把逻辑处理、数据和显示分离,实现类功能的单一性。

(4)所有的数据类必须重载 toString()方法,返回该类有意义的内容。

(5)数据库操作、IO 操作等需要使用结束 close()的对象必须在 try-catch-finally 的 finally 中 close()。

(6)异常捕获后,如果不对该异常进行处理,就应该记录日志。

(7)在程序中使用异常处理还是使用错误返回码处理,根据是否有利于程序结构来确定,并且异常和错误码不应该混合使用,推荐使用异常。

(8)避免使用不易理解的数字,用有意义的标识来替代。涉及物理状态或者含有物理意义的常量,不应直接使用数字,必须用有意义的静态变量来代替。

(9)异常捕获要细分后处理。

2. 注释规范

(1)在有处理逻辑的代码中,源程序有效注释量必须在 20% 以上。

(2)类和接口的注释:该注释放在 class 定义之前,using 或 package 关键字之后。

(3)类和接口的注释内容:类的注释主要是一句话功能简述、功能详细描述,可根据需要列出版本号、生成日期、作者、内容、功能、与其他类的关系等。

(4)类属性、公有和保护方法注释:写在类属性、公有和保护方法上面。用"//"来注释,需要对齐被注释代码。

(5)成员变量注释内容:成员变量的意义、目的、功能,可能被用到的地方。用"//"来注释,需要对齐被注释代码。

(6)公有和保护方法注释内容:列出方法的一句话功能简述、功能详细描述、输入参数、输出参数、返回值、违例等。

(7)对于方法内部用 throw 语句抛出的异常,必须在方法的注释中标明,对于所调用的其他方法抛出的异常,选择主要的在注释中说明。

(8)注释应与其描述的代码相近,对代码的注释应放在其上方或右方(对单条语句的注释)相邻位置,不可放在下面,如放于上方则需与其上面的代码用空行隔开。

(9)对变量的定义和分支语句(条件分支、循环语句等)必须编写注释。

(10)注释的内容要清楚、明了,含义准确,防止注释二义性。

(11)避免在注释中使用缩写,特别是不常用缩写。在使用缩写时或之前,应对缩写进行必要的说明。

5.2 后端系统服务

5.2.1 空间数据库

MySQL 是一种开源的关系型数据库,通过结构化查询语言 SQL 进行数据库管理,它具有轻量便捷、开源免费、适应性和可靠性强、查询速度快等优点。此外,MySQL 还支持空间数据的存储,内置了丰富的空间操作算子供用户使用。考虑到本系统不仅需要存储一般的业务数据,还需要存储含有空间位置的数据,因此系统采用 MySQL 作为后台数据库管理系统。

1. 数据表结构

本项目的数据主要包括基础地理数据和气象业务数据,数据来源复杂丰富,既有非空间数据又有空间数据。针对非空间数据,采用普通的表结构进行存储;针对空间数据,则用 MySQL 提供的空间数据类型进行存储。另外,系统中需要用到大量的栅格数据,如果直接把栅格数据存储在数据库中会极大地影响存储性能,因此针对栅格数据,只存储其在文件系统中的路径,路径按照"数据缩写/年/月/日/文件id"的形式进行组织。具体的表结构设计如表 5.2—表 5.10 所示。

(1)切坡点数据表(cut_slope_point)(表 5.2)。

表 5.2 切坡点数据表结构

字段	类型	长度	小数点
field_number	varchar	255	0
city_name	varchar	255	0
county_name	varchar	255	0
town_name	varchar	255	0
village_name	varchar	255	0
group	varchar	255	0
x_coordinate	int	11	0
y_coordinate	int	11	0
longitude	double	255	8
latitude	double	255	8
stratigraphic_age	varchar	255	0

续表 5.2

字段	类型	长度	小数点
formation_lithology	varchar	255	0
dip_direction	varchar	255	0
dip_angle	varchar	255	0
slope_height	double	255	8
slope_gradient	double	255	8
slope_form	varchar	255	0
slope_structure_type	varchar	255	0
catchment_area	double	255	8
length	double	255	8
width	double	255	8
aspect	double	255	8
plane_modality	varchar	255	0
profile_morphology	varchar	255	0
substance_composition	varchar	255	0
groundwater_activity	varchar	255	0
compactness	varchar	255	0
humidity	varchar	255	0
state	varchar	255	0
thickness	varchar	255	0
structure_type	varchar	255	0
structural_plane_outside_dip_slope	varchar	255	0
occurrence	varchar	255	0
interval	varchar	255	0
weathering_depth	varchar	255	0
house_location	varchar	255	0
cut_slope_time	varchar	255	0
building_structure	varchar	255	0
shortest_distance_against_slope	varchar	255	0
leaning_against_slope_wall_structure	varchar	255	0
status_deformation_sign	varchar	255	0
existing_deformation_mode	varchar	255	0
possible_destabilizing_factor	varchar	255	0
geological_hazard_formation	varchar	255	0
existing_protective_measure	varchar	255	0
prone_area_level	varchar	255	0

续表 5.2

字段	类型	长度	小数点
gutter_hardening	varchar	255	0
stability_analysis_result	varchar	255	0
casualties	int	255	0
damaged_house_number	int	255	0
path_loss	double	255	8
direct_loss	double	255	8
disaster_grade	varchar	255	0
threatened_population_number	int	255	0
threatened_household_number	int	255	0
threatened_path_length	double	255	8
potential_loss	varchar	255	0
danger_level	varchar	255	0
risk_grade	varchar	255	0
risk_management_suggestions	varchar	255	0
memo	varchar	255	0

(2)隐患灾害点数据表(hidden_danger_point)(表 5.3)。

表 5.3 隐患灾害点数据表结构

字段	类型	长度	小数点
number	varchar	255	0
field_number	varchar	255	0
county_name	varchar	255	0
name	varchar	255	0
town_name	varchar	255	0
location	varchar	255	0
longitude	double	255	8
latitude	double	255	8
disaster_type	varchar	255	0
disaster_nature	varchar	255	0
main_sliding_direction	varchar	255	0
wade	varchar	255	0
area	double	255	8
volume	double	255	8
scale	varchar	255	0
status_stability	varchar	255	0

续表 5.3

字段	类型	长度	小数点
potential_stability	varchar	255	0
death_toll	int	255	0
financial_loss	double	255	8
threatened_household_number	int	255	0
threatened_population_number	int	255	0
threatened_asset	double	255	8
danger_level	varchar	255	0
control_measure_suggestion	varchar	255	0
monitoring_level	varchar	255	0
cut_slope_type	varchar	255	0
cancel_after_verification	varchar	255	0

(3) 预测雨量产品数据表 (rain_forecast_product)(表 5.4)。

表 5.4 预测雨量产品数据表结构

字段	类型	长度	小数点
id	int	11	0
raw_file_name	varchar	255	0
raw_file_path	varchar	255	0
publish_workspace	varchar	255	0
publish_store_name	varchar	255	0
start_datetime	datetime	0	0
end_datetime	datetime	0	0

(4) 历史雨量产品数据表 (rain_history_product)(表 5.5)。

表 5.5 历史雨量产品数据表结构

字段	类型	长度	小数点
id	int	11	0
raw_file_name	varchar	255	0
raw_file_path	varchar	255	0
publish_workspace	varchar	255	0
publish_store_name	varchar	255	0
start_datetime	datetime	0	0
end_datetime	datetime	0	0

(5)实时雨量数据表(rain_realtime)(表 5.6)。

表 5.6　实时雨量数据表结构

字段	类型	长度	小数点
id	int	11	0
end_date_time	datetime	0	0
rainfall_value	double	255	4
station_id	int	255	0

(6)普通雨量站数据表(rain_station)(表 5.7)。

表 5.7　普通雨量站数据表结构

字段	类型	长度	小数点
station_id	int	11	0
station_name	varchar	255	0
county_name	varchar	255	0
longitude	double	255	8
latitude	double	255	8
altitude	double	255	8

(7)精细化雨量站数据表(rain_station_refinement)(表 5.8)。

表 5.8　精细化雨量站数据表结构

字段	类型	长度	小数点
id	int	11	0
location	varchar	255	0
county_name	varchar	255	0
longitude	double	255	8
latitude	double	255	8
gist	varchar	255	0

(8)预警产品数据表(risk_warning_product)(表 5.9)。

表 5.9　预警产品数据表结构

字段	类型	长度	小数点
id	int	11	0
raw_file_name	varchar	255	0
raw_file_path	varchar	255	0
publish_workspace	varchar	255	0
publish_store_name	varchar	255	0
forecast_datetime	datetime	0	0
execute_datetime	datetime	0	0
stat_msg	text	0	0

(9)城镇数据表(town)(表5.10)。

表5.10 城镇数据表结构

字段	类型	长度	小数点
code	int	255	0
town_name	varchar	255	0

2. 数据文件目录

本系统将数据文件分为静态文件和动态文件。静态文件是指长时间甚至永远不会改变的文件,主要包括地质因子文件(海拔、坡向、坡度),行政区划,模型计算中间文件,道路、水系、制图文件等。动态文件是指随时间而变化的文件,通常为系统不同时间生成的文件,主要包括历史雨量文件、预测雨量文件、预警结果文件以及各类数据的制图结果文件。

```
data
├──dynamic
│   ├──rainfall_forecast
│   │   └──2021
│   │       └──4
│   │           └──15
│   ├──rainfall_history
│   │   └──2021
│   │       └──4
│   │           └──15
│   ├──risk_warning
│   │   └──2021
│   │       └──4
│   │           └──15
│   ├──rainfall_forecast_product
│   │   └──2021
│   │       └──4
│   │           └──15
│   ├──rainfall_history_product
│   │   └──2021
│   │       └──4
│   │           └──15
└──static
    ├──altitude
    ├──contour
    ├──district_boundary
    ├──district_name
    ├──fault
    ├──human_engineering_activity
    ├──land_use_type
```

```
            ├──mappable_unit
            ├──road
            ├──slope
      ├──water_area
      ├──geological_factor
      ├──mask
      ├──r_max
      ├──r_min
      ├──town
      ├──utils
      ├──xaingzhen
      └──water_system
```

5.2.2 系统目录管理

本系统后端项目具有固定的目录结构，如下：
```
gdrw
       ├──bin
       ├──conf
       ├──data
       ├──jars
   ├──python
   ├──logs
```
不同的目录下存储不同功能的文件。bin 文件夹存放系统有关的脚本文件，用于系统的启动、关闭等。conf 文件夹存放系统有关的配置文件，用于用户自定义的进行系统以及与系统进行交互的其他组件的配置。data 文件夹存放系统输入以及输出的相关数据文件。jars 文件夹存放系统运行所需依赖的 jar 包，以及本系统的代码 jar 包。python 文件夹存放系统运行所需依赖的 python 文件，用于支撑系统的功能实现。logs 文件夹存放系统运行过程中生成的日志文件，记录系统运行过程中的重要信息以及一些错误。

5.2.3 系统配置文件

系统目录下的 conf 文件夹中存放着系统的配置文件 gdrw.conf，配置文件中包括系统以及系统相关组件的一些配置，它决定了系统能否正常运行。

示例配置：
```
#geoserver config
gdrw.geoserver.url=http://192.168.0.31:8087/geoserver
gdrw.geoserver.username=admin
gdrw.geoserver.password=geoserver
gdrw.geoserver.publish.workplace=gdrw
```

\#mysql config

gdrw.mysql.url=jdbc:mysql://45.112.95.110:3306/gdrw?characterEncoding=utf-8&serverTimezone=Asia/Shanghai

gdrw.mysql.username=root

gdrw.mysql.password=pzx_mysql

其中 gdrw.geoserver.url 是系统所依赖的 geoserver 组件的 url 地址,gdrw.geoserver.username 是 geoserver 的用户名,gdrw.geoserver.password 是 geoserver 的密码,gdrw.geoserver.publish.workplace 是系统发布在 geoserver 上的图层的工作区;gdrw.mysql.url 是系统所依赖的 mysql 数据库组件的 url,gdrw.mysql.username 是 mysql 的用户名,gdrw.mysql.password 是 mysql 的密码。

5.2.4 数据查询服务

系统提供的数据查询服务包括四大类:雨量数据查询、地质基础数据查询、预警结果查询、其他数据查询。查询服务通过 Webservice 的形式发布,提供 Restful 风格的访问接口。

(1)雨量数据查询包括实时雨量查询、雨量站信息查询、精细化雨量站数据查询、预测雨量产品查询、历史雨量产品查询。

➢实时雨量查询接口:http://ip:port/rain/rainInfo?startDateTime=yyyy-MM-dd HH:mm:ss&endDateTime= yyyy-MM-dd HH:mm:ss

➢雨量站信息查询接口:http://ip:port/rain/rainStation

➢精细化雨量站数据查询接口:http://ip:port/rain/rainStationRefinement

➢预测雨量产品查询接口:http://ip:port/rain/rainForecastProduct?startDateTime=yyyy-MM-dd HH:mm:ss&endDateTime= yyyy-MM-dd HH:mm:ss

➢历史雨量产品查询接口:http://ip:port/rain/rainHistoryProduct?startDateTime=yyyy-MM-dd HH:mm:ss&endDateTime= yyyy-MM-dd HH:mm:ss

(2)地质基础数据查询包括隐患灾害点查询和切坡点查询。

➢隐患灾害点查询接口:http://ip:port/disaster/hiddenDangerPoint

➢切坡点查询接口:http://ip:port/disaster/cutSlopePoint

(3)预警产品查询是对系统所有预警分析结果的查询。

预警产品查询接口:http://ip:port/product/query?startDateTime=yyyy-MM-dd HH:mm:ss&endDateTime= yyyy-MM-dd HH:mm:ss

(4)其他数据查询主要包括预警管理人员信息的查询。

其他数据查询接口:http://ip:port/warning/manager

5.2.5 地图发布服务

地图发布服务是指系统将运行过程中动态生成的栅格数据发布成 WMTS 地图瓦片服务,基于 Geoserver 提供 Web 接口服务调用,从而实现前端的可视化功能。系统在运行过程中会动态生成历史累计雨量栅格数据、预测雨量累计数据、预警分析结果数据,通过 Geoserver 提供的 API 接口实时将生成的数据发布为服务,并设置相关的 style 以提供更好的可视化效果(图 5.3—图 5.6)。

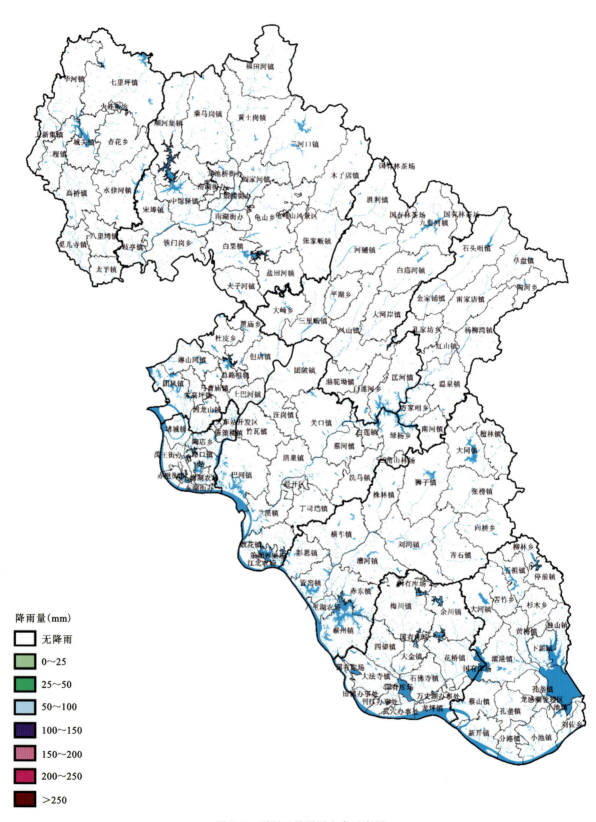

图 5.3 预测雨量图层发布示意图

第 5 章 气象预警平台开发

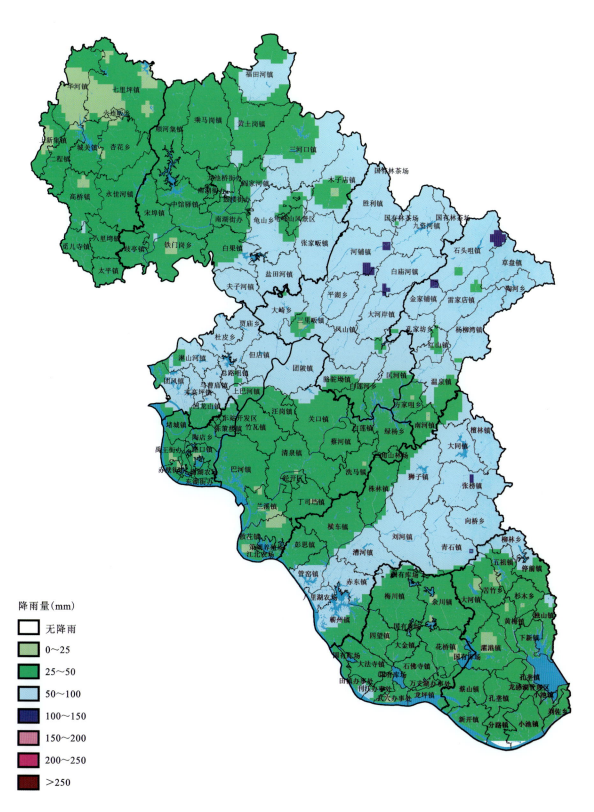

图 5.4 历史雨量图层发布示意图

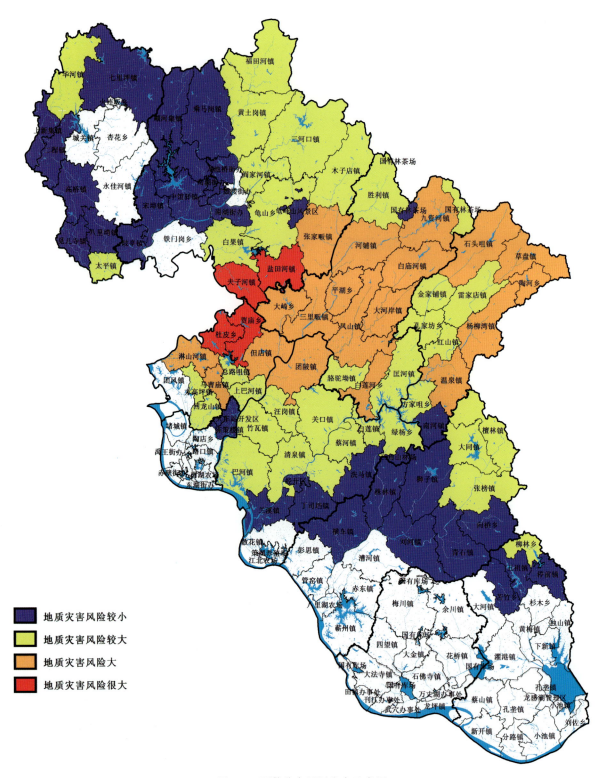

图 5.5 预警分布图层发布示意图

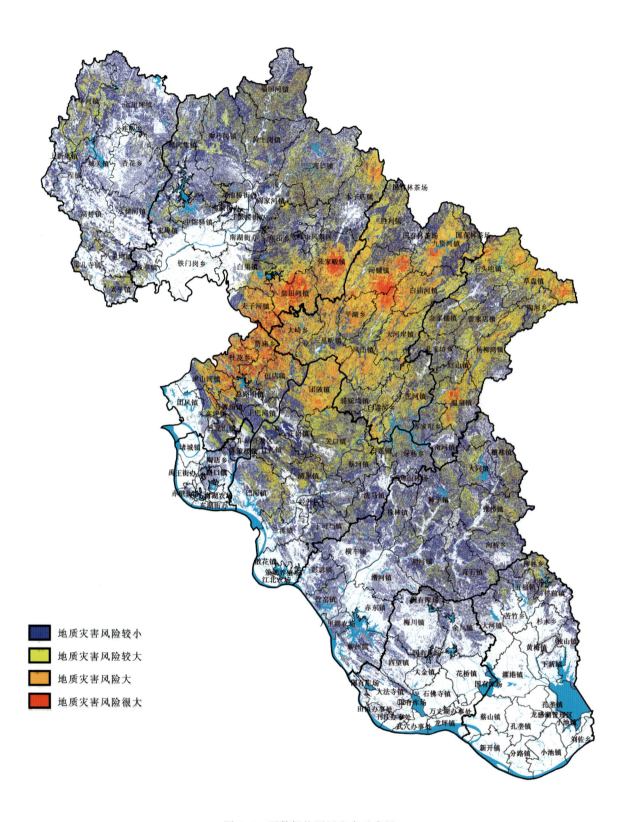

图 5.6 预警栅格图层发布示意图

5.2.6 雨量接入服务

系统雨量接入服务通过第三方提供的服务接口获取实时和预测雨量数据。本系统所使用的所有雨量数据均来自气象局所提供的降雨数据,以接口的方式进行交付。

对于实时雨量接口,重要参数包括 timeRange 时间段、elements 获取字段以及 dataFormat 返回数据格式。本系统设置自每天 2:00 开始,每 3 个小时获取一次实时雨量数据并插入数据库,并获取 4 个字段:Station_Name、Datetime、Station_Id_d、PRE_1h,分别表示雨量站名称、时间、雨量站 ID、每个小时的降雨量(图 5.7)。

id	end_date_time	rainfall_value	station_id
64160	2021-07-07 11:00:00	0.0000	816501
64161	2021-07-07 10:00:00	0.0000	816501
64162	2021-07-07 09:00:00	0.0000	816501
64163	2021-07-07 08:00:00	0.0000	816501
64164	2021-07-07 11:00:00	0.0000	816316
64165	2021-07-07 10:00:00	0.8000	816316
64166	2021-07-07 09:00:00	17.5000	816316
64167	2021-07-07 08:00:00	11.5000	816316
64168	2021-07-07 11:00:00	0.0000	815210
64169	2021-07-07 10:00:00	0.0000	815210
64170	2021-07-07 09:00:00	0.0000	815210
64171	2021-07-07 08:00:00	0.0000	815210
64172	2021-07-07 11:00:00	0.9000	813616
64173	2021-07-07 10:00:00	0.3000	813616
64174	2021-07-07 09:00:00	0.5000	813616
64175	2021-07-07 08:00:00	0.4000	813616
64176	2021-07-07 11:00:00	0.0000	816570

图 5.7 实时雨量数据插入数据库

由于预警模型计算需要使用栅格数据,所以当每 3 个小时获取到雨量站数据之后,还需要通过插值的方法,将点数据转换为栅格面数据,从而每 3 个小时得到一张实时雨量栅格数据(图 5.8)。

对于预测雨量接口,重要参数包括 time(时间)、elements(获取字段)以及 dataFormat(返回数据格式)。预测雨量接口的时间参数只能选择每天的 8:00 与 20:00,由于系统需要实现未来 24h 的预警分析功能,所以本系统设置在每天 8:00 与 20:00 获取未来 48h 预测雨量数据。预测雨量接口获取得到 GRB2 格式文件,每 3h 一张子图层,所以同样需要将其转换为栅格面数据,从而得到每 3h 一张预测雨量栅格数据(图 5.9)。

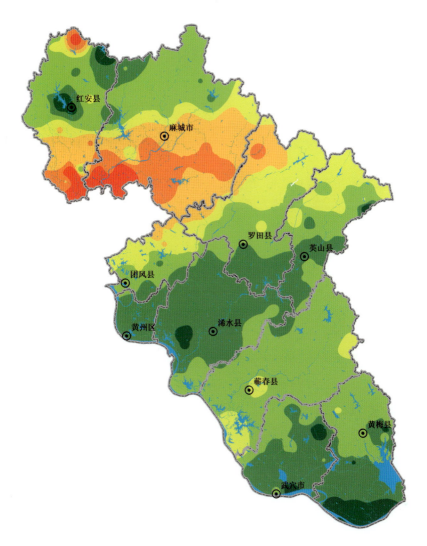

图 5.8 雨量站点数据插值生成栅格面示意图

```
rainfall_realtime-2021_8_27_11_0_0-2021_8_27_8_0_0.tif
rainfall_realtime-2021_8_27_14_0_0-2021_8_27_11_0_0.tif
rainfall_realtime-2021_8_27_17_0_0-2021_8_27_14_0_0.tif
rainfall_realtime-2021_8_27_20_0_0-2021_8_27_17_0_0.tif
rainfall_realtime-2021_8_27_23_0_0-2021_8_27_20_0_0.tif
rainfall_realtime-2021_8_27_2_0_0-2021_8_26_23_0_0.tif
rainfall_realtime-2021_8_27_5_0_0-2021_8_27_2_0_0.tif
rainfall_realtime-2021_8_27_8_0_0-2021_8_27_5_0_0.tif

rainfall_forecast-2021_8_29_11_0_0-2021_8_29_8_0_0.tif
rainfall_forecast-2021_8_29_14_0_0-2021_8_29_11_0_0.tif
rainfall_forecast-2021_8_29_17_0_0-2021_8_29_14_0_0.tif
rainfall_forecast-2021_8_29_20_0_0-2021_8_29_17_0_0.tif
rainfall_forecast-2021_8_29_23_0_0-2021_8_29_20_0_0.tif
rainfall_forecast-2021_8_29_2_0_0-2021_8_28_23_0_0.tif
rainfall_forecast-2021_8_29_5_0_0-2021_8_29_2_0_0.tif
rainfall_forecast-2021_8_29_8_0_0-2021_8_29_5_0_0.tif
```

图 5.9 实时接入的雨量数据

5.2.7 雨量栅格面生成服务

系统将实时接入的实时雨量数据和预测雨量数据转换为了 3h 一张的栅格面数据,作为后续预警分析模型的输入项。但是雨量面数据可视化时由于时间段的限制,不能直观地观察到历史和未来的降雨情况,所以系统提供了雨量栅格面生成服务,用户可以选择任意时间段生成雨量栅格面数据。

历史雨量栅格面生成是通过时间段参数查询数据库实时雨量表获取雨量站数据,再利用插值功能生成栅格面数据。预测雨量栅格面生成是通过时间段参数查询文件目录下生成的3h预测雨量栅格面,利用地图代数进行叠置分析,将时间段内的栅格数据进行叠加,最后得到指定时间段的预测雨量栅格面数据。

5.2.8 预警分析服务

预警分析服务是指基于历史雨量数据、预测雨量数据和基础地质数据进行地质灾害分析,得到以栅格为基本单位的预警分析结果,再以乡镇为单位进行统计,得到以乡镇为单位的预警分析结果。系统将预警分为地质灾害极高风险区、地质灾害高风险区、地质灾害中等风险区、地质灾害一般风险区、地质灾害无风险区5个等级。

预警分析服务首先基于时间参数和模型配置对因子图层进行加载,包括地质因子图层、历史降雨图层、实时降雨图层和预测降雨图层。其中地质因子图层是静态数据,每次执行模型使用相同的数据。历史降雨图层以天为单位,实时降雨图层和预测降雨图层以小时为单位,根据预警分析的执行时间和预测时间进行加载。基于预警模型对所有因子图层进行叠置分析,即地图代数计算,得到预警分析结果。最后将预警分析结果发布为地图服务,并存储到数据库中。

5.2.9 产品管理服务

产品管理服务提供下载历史雨量产品、预测雨量产品和预警分析产品的功能。系统通过地图代数计算叠置分析得到的栅格面数据是 Geotiff 格式,不具有良好的可视化效果。所以系统通过分级显示,将所有的栅格值划分到指定等级中以对应的颜色表示,并加以图框、标题、图例等信息进行自动制图,最终得到各类产品(图5.10)。

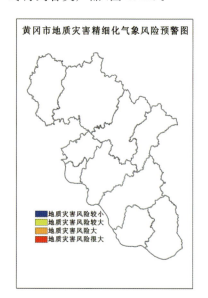
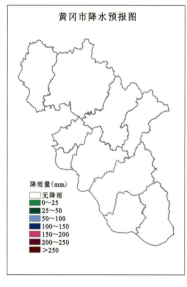
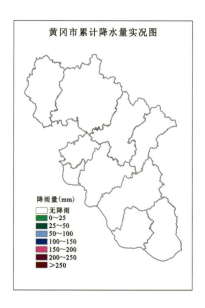

图 5.10 产品样式

产品下载接口提供下载产品文件的功能，用户可通过提过产品相关的参数直接将产品文件下载到本地。

5.3 前端系统界面

5.3.1 图层管理

基于 geoserver 发布各类地质要素、地灾预警结果、历史雨量、预测雨量等数据，将其发布为图层服务，前端加载相关数据后进行渲染。

1. 底图

进入系统后，会自动加载黄冈市行政区图和水系，用户可选择天地图的卫星图或开发街道图（OpenStreetMap，简称 OSM）作为底图。

2. 基础因子展示模块

(1)基础因子(点)。点数据主要包括普通雨量站、自建雨量站、建房切坡地质灾害隐患点、地质灾害隐患核查点 4 类，系统可对上述 4 类点数据进行渲染，点击相应的点要素会显示相关的基础信息。
(2)基础因子(线)。线要素主要包括道路线。
(3)基础因子(面)。面要素包括地层、坡向、坡度、斜坡结构、土地类型等。

5.3.2 雨量数据管理

工具栏中有包括雨量数据管理在内的 6 项功能，可按要求选择按钮将相应的功能界面隐藏/显示。

1. 雨量查询功能

本系统提供了两种雨量查询的途径，用户可以选择某一日期某一时间，查询该时间点前/后 12h 或 24h 内的降雨信息，也可选择任意的起始时间和终止时间，查询该时间段内的雨量信息（图 5.11、图 5.12）。查询后会返回该时间段内各雨量站的降雨信息、历史累计降雨栅格图层以及预测降雨栅格图层。

2. 雨量站降雨信息展示与下载

(1)雨量站降雨信息展示。查询得到相应时间段内的雨量信息后，点击雨量站历史信息下的任意雨量站，可查看该雨量站在相应时段内的每小时详细降雨量信息（图 5.13）。
(2)雨量站降雨信息下载。点击页面上的下载按钮，可下载该时段内各个雨量站累计雨量相应的 csv 文件（图 5.14）。

图 5.11　常规查询途径　　　　　图 5.12　时间段查询途径

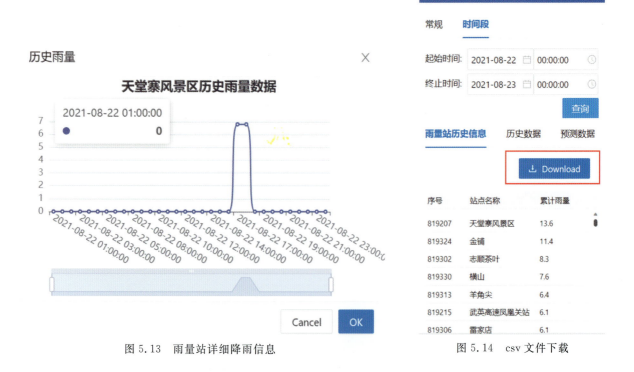

图 5.13　雨量站详细降雨信息　　　　图 5.14　csv 文件下载

3. 雨量栅格展示、下载及计算

（1）雨量栅格展示。查询得到历史累计雨量与预测雨量的栅格图层后，点击任意图层后的"查看"按钮，可加载渲染相应的图层。在显示雨量栅格图层时，系统主页面的右下方会增加降雨量的图例。

(2)雨量栅格下载。查询得到历史累计雨量与预测雨量的栅格图层后,点击任意图层后的"下载"按钮,可下载相应的降雨产品(图5.15、图5.16)。

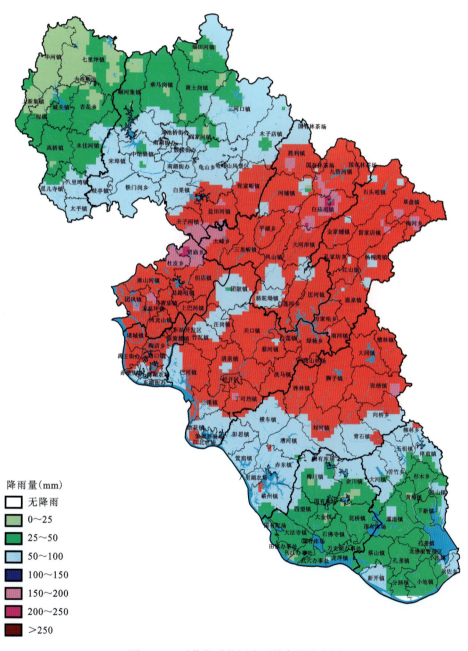

图5.15 下载得到的历史雨量产品示意图

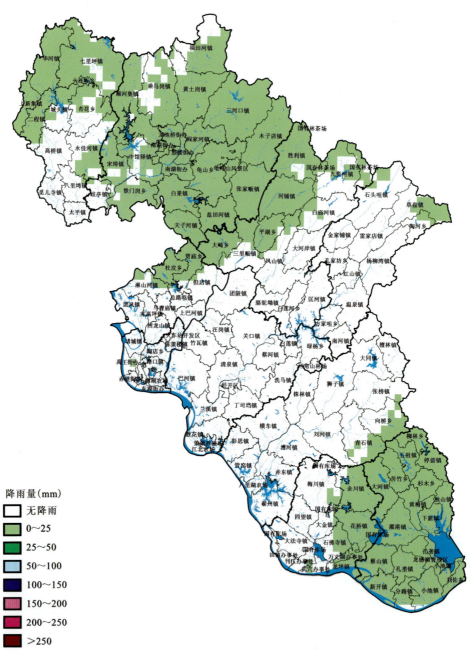

图 5.16　下载得到的预测雨量产品示意图

（3）雨量栅格计算。若查询结果中没有所选时间段的雨量栅格图层，可点击"计算历史雨量"和"计算预测雨量"按钮，分别计算所选时段的历史累计雨量和预测雨量（图 5.17—图 5.20）。

图 5.17　历史雨量下载

图 5.18　预测雨量下载

图 5.19　历史雨量计算

图 5.20　预测雨量计算

5.3.3 气象预警分析

用户输入预警日期、预警时间及预警时间段(3h、6h、12h、15h、24h)后点击"分析"按钮,界面可显示由后台预警模型计算得到的预警地图(图 5.21、图 5.22)。计算中、计算成果和计算失败页面中均会有相应的提示。

图 5.21 气象预警分析

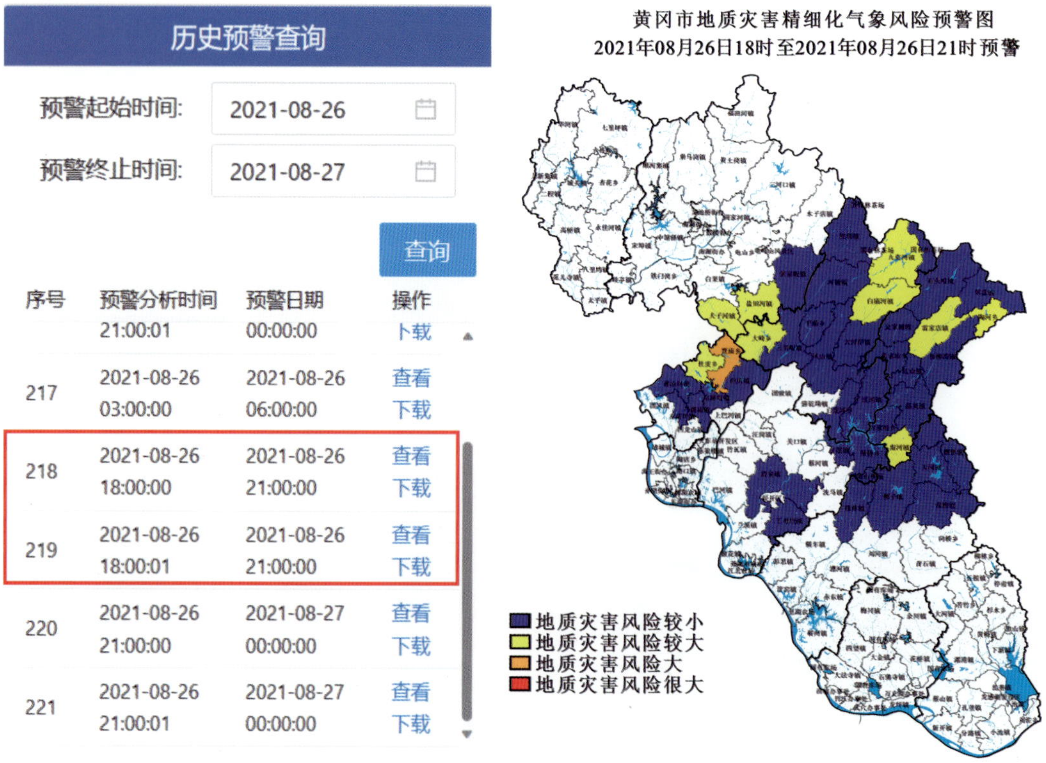

图 5.22 预警分析结果显示

计算成功后,系统自动加载计算结果,并在页面右下端显示预警分级的图例,在页面的左上角显示各预警分级下对应的乡镇,其中极高风险地区和高风险地区还会显示该区域内的切坡点和灾害点(图 5.23、图 5.24)。

图 5.23　预警分级结果显示

图 5.24　切坡点信息显示(示例)

5.3.4　历史预警查询

用户可输出希望查询得到的预警分析结果的时间段,即起始日期和终止日期,系统将会返回这期间所有运行得到的预警分析结果。

系统界面从预警分析时间和预警预测时间进行展示。预警分析时间即执行预警分析时的当前时间,预警预测时间即预警模型执行的目标时间。

系统支持两种操作:查看和下载。点击"查看"可将预警分析的结果进行可视化,可视化的效果与进行气象预警分析后的可视化一致。点击"下载"可得到相应的预警产品(图 5.25—图 5.27)。

图 5.25　历史预警查询

图 5.26　预警产品下载（1）

第 5 章 气象预警平台开发

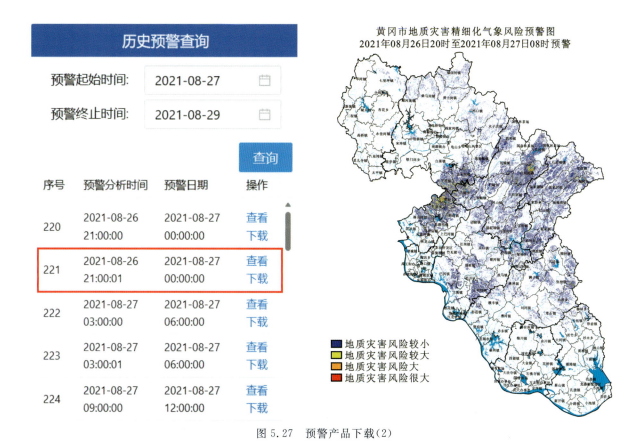

图 5.27 预警产品下载(2)

5.3.5 预警参数设置

本模块为保留模块,用于后续动态更新模型等参数,从而针对不同的情况改变模型的功能以及作用(图 5.28)。

图 5.28 预警参数设置

5.3.6　预警产品管理

本模块用于预览预警产品效果图。点击下方按钮可下载相应的预警产品(图 5.29)。

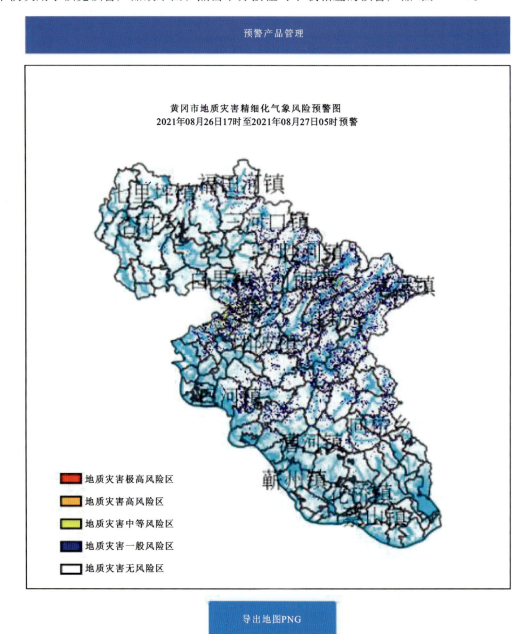

图 5.29　预警产品管理

5.3.7　预警信息发布

预警信息发布模块是在专家领导对预警分析结果进行评审之后,决定向相关机构单位以及负责人进行通知时使用。用户可进行选择想要被通知的人员、单位,并编辑自定义的短信内容(图 5.30)。

第 5 章　气象预警平台开发

图 5.30　预警信息发布

5.3.8　会商记录管理

用户选择查询时间段，即起始日期和终止日期，系统将会返回这期间的所有会商记录。点击其中的记录可查看会商详细信息（图 5.31、图 5.32）。

图 5.31　会商记录查询结果　　　　　　图 5.32　会商详细信息

用户还可以增加会商记录，输入会议时间、主题、参会人员、会议内容与结论等信息。若用户漏填其中任意一项信息，则无法增加该条记录（图 5.33、图 5.34）。

图 5.33 会商信息输入界面

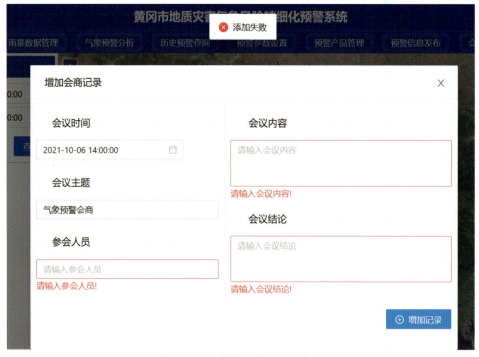

图 5.34 会商信息增加自动检查

5.3.9 权限管理

系统提供了登录功能以及权限管理功能。

目前系统将所有用户分为 3 类：

RU001（超级管理员，可查看所有模块）（图 5.35）。

第5章 气象预警平台开发

图 5.35　超级管理员对应的功能模块

RU002（管理员，除了预警信息发布模块，其余均可查看）（图5.36）。

图 5.36　管理员对应的功能模块

RU003（普通用户，仅可查看"雨量数据管理"及"历史预警模型"两个模块）（图5.37）。

图 5.37　普通用户对应的功能模块

用户登录后左上角有其用户名，可下拉点击"登录"，跳转至登录界面（图5.38）。

图 3.38　用户名下拉跳转

登陆失败提醒用户名/密码错误（图5.39）。

图 5.39　登录失败

第6章 气象预警产品发布与效果评价

6.1 气象预警业务流程

地质灾害气象风险预警整体流程如图 6.1 所示,具体流程可以分为数据准备,预警分析,会商、编辑、分析,签批、发布四大部分。数据是预警分析的基础,首先准备雨量数据、模型数据以及灾害信息数据,其次在数据准确且完善的情况下进行预警分析,这样预警结果才会准确且针对性强。预警分析之后进行预警结果的编辑,制作预报词等,最后将最终的预警成果签批之后进行发布,告知公众。

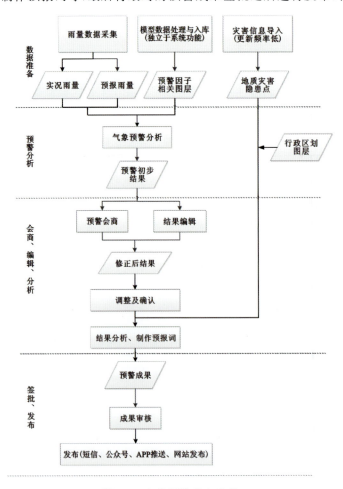

图 6.1 气象预警业务流程

6.2 预警产品发布管理

根据《中华人民共和国突发事件应对法》《国家突发地质灾害应急预案》《自然资源部地质灾害防御响应工作方案》《地质灾害防治条例》《湖北省地质环境管理条例》《湖北省突发事件总体应急预案》《湖北省突发地质灾害应急预案》《湖北省地质灾害监测预警及信息发布制度》《湖北省地质灾害气象风险预警技术指南》《省地质灾害防治工作领导小组关于印发省地质灾害防治工作领导小组成员单位及职责的通知》(鄂地灾防〔2020〕1号)等相关文件,黄冈市地质灾害防治工作领导小组办公室于2021年8月制定并印发了《黄冈市地质灾害气象风险预警及应急响应规程》(黄地灾办〔2021〕6号)及《黄冈市地质灾害气象风险预警响应工作方案(试行)》。该方案适用于湖北省和黄冈市发布地质灾害气象风险预警发布后,全市范围各级政府、相关部门、单位、社会团体、基层组织和个人开展地质灾害防灾响应工作。《规程》中对不同级别预警产品的发布和响应均有明确的要求。

地质灾害气象风险预警信息由县(市、区)级以上自然资源部门会同气象部门依规联合发布,蓝色预警一般不公开发布。其他任何单位和个人不得擅自向社会发布地质灾害气象风险预警。

预警信息以短信形式及时发送到有关地质灾害隐患点"四位一体"网格员、群测群防员以及地质灾害防治工作领导小组成员单位联络员等相关人员,并通过电话、网络、电视、微信、广播等多种方式向社会公众公布。

6.2.1 预警会商联动机制

在黄冈市地质灾害精细化气象风险预警的基础上,建立会商联动机制,完善地质气象预警信息发布渠道。地质灾害风险气象预警工作是自然资源部门和气象部门共同参与,即可由自然资源主管部门和气象部门签署联合开展地质灾害气象风险预警工作协议,双方联合成立地质灾害气象风险预警协调工作领导小组及办公室,负责会商全市地质灾害气象风险预警的相关事宜和向社会发布气象风险预警信息工作。由湖北省黄冈地质环境监测保护站作为技术支撑服务单位开展业务工作,承担预警的日常工作、理论方法研究、技术报告编写、信息反馈、效果评价和改进提高等业务。

根据项目黄冈市地质环境与气象特征,黄冈市地质灾害精细化气象风险预警工作期为每年的主汛期(5月1日—9月30日)和秋汛期,如果不在汛期出现1周以上的降雨,也应开展预报预警。预报预警时段为:当日20:00至次日20:00。在地质灾害预报预警时间段内,需要根据黄冈市自然资源主管部门和气象部门的预警会商联动机制进行预警会商。

6.2.2 气象预警发布流程

在地质灾害气象风险预警系统和会商机制上,构建黄冈市气象风险预警发布工作流程,制作和发布气象风险预警。按照《地质灾害区域气象风险预警标准(试行)》(T/CAGHP 039—2018)要求开展黄冈市地质灾害气象风险预警运行维护工作。

黄冈市气象预警发布主要工作流程:数据传输→分析研判→会商确定→产品制作→预警发布→信息反馈。

6.3 预警效果评价指标与方法

气象风险预警效果评价是对预警工作成绩的考核,对预警范围内、外地质灾害实际发生情况进行校验,以准确率、漏报率、空报率等指标对预警方法的成效和预警响应的成效进行评估,从而逐步改进预警服务质量。

6.3.1 预警准确率评价

现阶段的效果评价以准确率为主,预警准确率评价方法主要有3种。

方法1:根据各地质灾害点具体的发生时间、地点,对照各地质灾害点是再落入预警区范围内,将落入预警区范围内的地质灾害点数除以总的地质灾害点数即为预警准确率,计算公式如下:

$$p = \frac{m}{n} \times 100\% \tag{6-1}$$

式中:p 为预警准确率;m 为落入预警区的地质灾害点数;n 为总的地质灾害点数。

方法2:根据地质灾害点的发生情况确定,如果有地质灾害点落入预警区范围内,则表示此次预警准确;如果无地质灾害点落入预警区范围内,则表示此次预警不准确。将预警准确的次数除以总的预警次数即为预警准确率,计算公式如下:

$$p = \frac{\sum m}{\sum n} 100\% \tag{6-2}$$

式中:p 为预警准确率;m 为预警准确的次数;n 为预警次数。

方法3:这种计算方法首先需要确定一个目标值,然后计算实际值,根据目标值与实际值的比较确定预警的准确性。例如给定目标值为30%,根据计算,某一天总的地质灾害点数中若有大于或等于30%的地质灾害点落入预警区范围内,则表示这一次的预警准确,否则预警不准确。根据预警准确的次数与总的预警次数的对比得出预警准确率,计算公式与方法2相似。

6.3.2 基于命中率、漏报率、空报率三指标的预警效果评价

评价某次地质灾害气象风险预警效果,可用命中率、空报率、漏报率3个指标定量表达,当有不同预警级别时,应分级进行评判。

命中率($P_{命中}$),表达的是预警区内范围内准确预警的灾害点所占比例。定义为地质灾害预警区内灾害点数(N_A)与研究区范围内灾害点总数($N_A + N_B$)的比值,可表达为:

$$P_{命中} = \frac{N_A}{N_A + N_B} \tag{6-3}$$

式中:$P_{命中}$ 为命中率,取值范围[0,1];N_A 为预警区内地质灾害点数;N_B 为预警区外地质灾害点数。

漏报率($P_{漏报}$),表达的是预警区范围外未能准确预警的灾害点所占比例。定义为地质灾害预警区外灾害点数(N_B)与研究区范围内灾害点总数($N_A + N_B$)的比值,可表达为:

$$P_{漏报} = \frac{N_B}{N_A + N_B} \tag{6-4}$$

式中：$P_{漏报}$ 为漏报率，取值范围 [0,1]；N_A 为预警区内地质灾害点数；N_B 为预警区外地质灾害点数。

空报率（$P_{空报}$），表达的是某级别预警区内没有灾害发生的预警单元面积（$S-S_A$）与预警区总面积（S）的比值，可表达为：

$$P_{空报} = \frac{S - S_A}{S} \tag{6-5}$$

式中：$P_{空报}$ 为空报率，取值范围 [0,1]；S 为预警区总面积；S_A 为预警区内有地质灾害发生的单元面积。

如目前国家级地质灾害气象风险预警的空间比例尺为 10km×10km 的网格预警单元，空报率也可表达为 10km×10km 网格单元个数的比值，即预警区内无灾害发生的网格单元个数除以预警区内网格单元个数总数。本研究仅针对黄色预警、橙色预警和红色预警统计空报率信息。

6.4 预警试运行期间效果评价

6.4.1 初期预警模型预警效果评价

试运行期间，预警模型经过了多次修正，更改了预警阈值、预警色域，采用不同权值反复验证模型的准确性，故在试运行期间发布的预警信息在不同时间段内会有所差异。

2021 年 8 月 11 日上午，黄冈市黄梅县柳林乡遭遇今年入梅以来极端强降雨天气。8:00 至 12:00，4h 累计降雨量达 294.9mm，为近两年来气象记录最大值。其中柳林塔畈站 1h 降雨量达 94.7mm，为近 6 年最大小时雨强。全乡公路塌方 59 处，山体滑坡 38 处，房屋受损 36 间，河湖塘堰受损 19 处。其他乡镇反馈仅有小规模塌滑体。

当天发布预警信息显示柳林镇地质灾害气象风险预警级别为橙色，见图 6.2。灾害点均落入预警区内的灾害点数为 36 处，预警区外地质灾害点数为 0 处，命中率为 100%，漏报率为 0%，平均空报率高达 94.5%，具体见表 6.1。

表 6.1 8 月 11 日预警效果评价

区域/指标	命中率	漏报率	黄色预警空报率	橙色预警空报率	红色预警空报率
地质灾害风险评价结果（%）	100	0	100	86.7	83.3

8 月 12 日修正预警模型后，当天 20:00 以后开始强降雨，红安县华家河镇秦湾村地质灾害点转移受威胁群众 5 户 9 人，八里湾镇八里湾一组转移受威胁群众 9 户 20 人，共转移 14 户 29 人。截至 8 月 12 日 22:30，团风县但店镇杜家冲村地质灾害点转移受威胁群众 4 户 5 人，上巴河八里畈地质灾害点转移受威胁群众 7 户 19 人，杜皮乡杜皮咀村地质灾害点转移受威胁群众 5 户 10 人，贾庙乡下石冲地质灾害点转移受威胁群众 1 户 5 人，贾庙乡大崎山村孙家里地灾点转移受威胁群众 6 户 17 人，共转移 23 户 56 人。

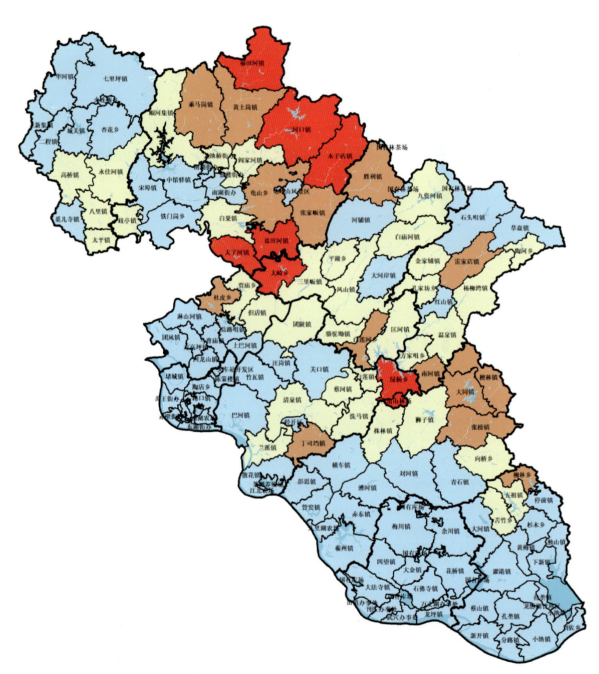

图 6.2　8 月 11 日黄冈市地质灾害气象风险预警分布图

但修正后的预警模型显示(图 6.3),8 月 12 日 21:00—24:00 3h 内,红安县和团风县大部分为黄色预警和蓝色预警,发生较大规模地质灾害的可能较小,这说明仅靠降雨量,不考虑地质因素的地质灾害预警是不可靠的。转移安置等措施会导致地灾救援力量的巨大浪费。

此外,8 月 12 日晚黄梅县柳林镇为红色预警,发生地质灾害的风险性较大,并且发生了较大方量的塔畈村二组滑坡,其他小规模滑坡 12 起,地质灾害的防控力量需着重部署(表 6.2)。

第6章　气象预警产品发布与效果评价

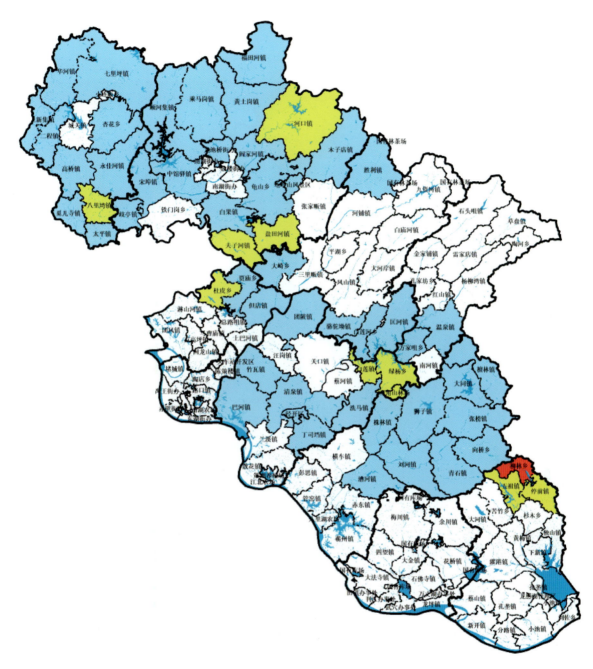

图6.3　8月12日21:00—24:00预警图

表6.2　8月12日的预警效果评价

区域/指标	命中率	漏报率	黄色预警空报率	橙色预警空报率	红色预警空报率
地质灾害风险评价结果(%)	100	0	100	0	100

2021年8月13日黄冈市全域内上报地质灾害数量为1处,杜皮乡洪岗村十一组发生小型滑坡灾害,规模20m³,无伤亡情况,直接经济损失0.5万元,所处地质灾害气象风险预警为橙色预警区。丁司垱镇、柳林镇发生小规模塌滑,所处地质灾害气象风险预警为红色预警区(图6.4)。

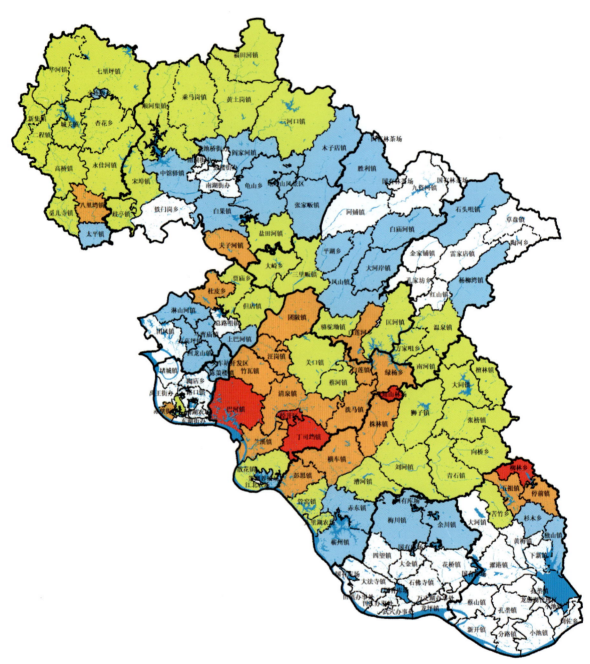

图6.4 8月13日黄冈市地质灾害气象风险预警分布图

落入预警区内的灾害点数为1处,预警区外地质灾害点数为0处,命中率为100%,漏报率为0,具体见表6.3。

表 6.3 8 月 13 日的预警效果评价

区域/指标	命中率	漏报率	黄色预警空报率	橙色预警空报率	红色预警空报率
地质灾害风险评价结果(%)	100	0	100	94.1	50

6.4.2 修正后预警模型预警效果评价

通过 8 月上旬降雨对预警模型的检验,对模型进一步修改。

2021 年 8 月 24 日黄冈市全域统计地质灾害数量为 3 处,8 月 24 日 12:00 罗田白庙河马面冲发生垮塌,变形量规模 3m³,潜在方量 200m³,所处地质灾害气象风险预警为橙色预警区;浠水县巴河镇 2 处,所处地质灾害气象风险预警为蓝色预警区;浠水县丁司垱镇长行地五组,垮塌方量 10m³,潜在 600m³,所处地质灾害气象风险预警为黄色预警区,预警分布见图 6.5。

落入预警区内的灾害点数为 3 处,预警区外地质灾害点数为 0 处,命中率为 100%,漏报率为 0,具体见表 6.4。

表 6.4 8 月 24 日预警效果评价

区域/指标	命中率	漏报率	黄色预警空报率	橙色预警空报率	红色预警空报率
地质灾害风险评价结果(%)	100	0	93.7	50	0

2021 年 8 月 25 日黄冈市全域统计地质灾害数量为 3 处,团风县杜皮乡政府北侧发生小型滑坡灾害,规模 20m³,所处地质灾害气象风险预警为红色预警区;浠水县丁司垱镇发生 2 处地质灾害,为小型滑坡,所处地质灾害气象风险预警为橙色预警区,预警分布见图 6.6。

落入预警区内的灾害点数为 3 处,预警区外地质灾害点数为 0 处,命中率为 100%,漏报率为 0,具体见表 6.5。

表 6.5 命中率、漏报率指标的预警效果评价

区域/指标	命中率	漏报率	黄色预警空报率	橙色预警空报率	红色预警空报率
地质灾害风险评价结果(%)	100	0	100	75	75

前期预警模型的预警结果预警面积过大,尚不精确,后续修正了降雨阈值,细化了地质分区,采用多种方法验证了相应的权重参数,并按照规范要求对相应预警等级进行颜色修正,使得预警结果更加精确。地质灾害命中率为 100%,但是预警空报率仍然偏高,整体预警结果偏保守。

由上述预警结果可知,基于第二代显示统计预警模型建立的黄冈市地质灾害致灾因素的概率量化模型总体达到了精细化。在时间尺度上由以往的中长期预警精细化到未来 24h 的短临预警;在空间范围上将预警单元精细化到乡镇级单元。2021 年 8 月的 2 次强降雨过程验证表明,本研究所建预警模型命中率高,但橙色预警区和黄色预警区空报率同样存在偏差,同时,总体预警结果偏保守,说明模型中的地质背景分区精度与降雨过程预报精度之间的匹配问题仍需要进一步提升。

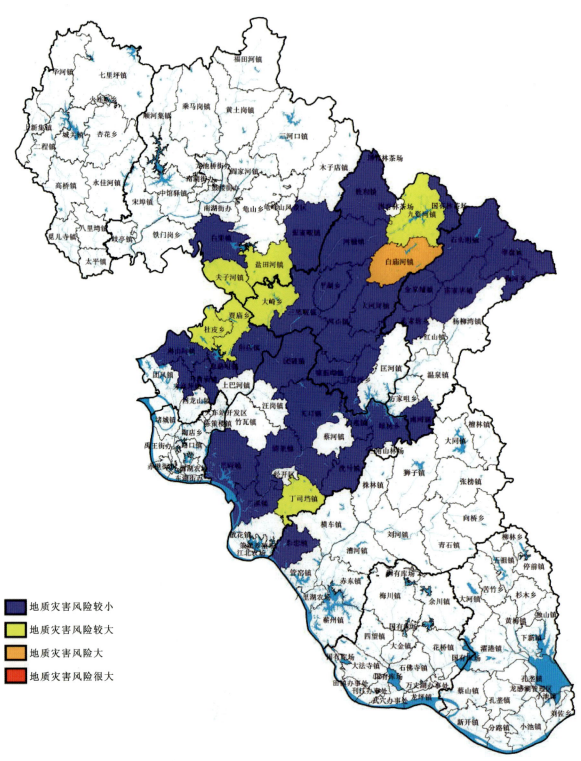

图 6.5　8 月 24 日黄冈市地质灾害气象风险预警分布图

第6章 气象预警产品发布与效果评价

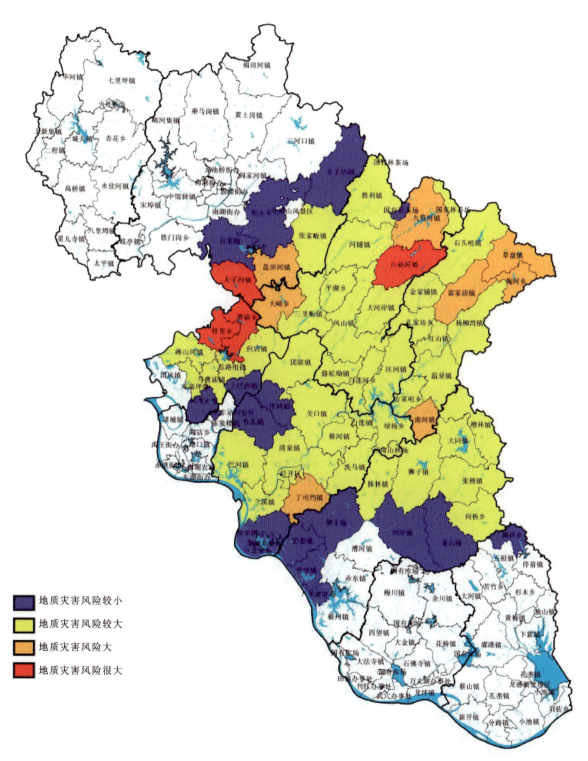

图 6.6 8月25日黄冈市地质灾害气象风险预警分布图

6.4.3 预警模型在不同时间段的预警效果评价

预警准确性与气象台发布的雨量预报信息有着较为重要的关系,系统会在当天 8:00 和 20:00 获取未来 12h、24h、48h 的雨量预报信息,每 3h 更新一次。历史降雨信息为实时更新。检验结果显示未来 3h 预警效果最为准确,空报率较低,随着预警时间的加长,预警空报率会逐渐增加。这是由于预警模型本身涉及雨量累计的问题,考虑到地质灾害的延后性,24h 内的降雨量是不经过衰减直接参与计算,导致 24h 内的预警级别会逐渐增高,此影响效果会持续 2d,后续预警级别会逐渐降低。因此,随着预警时间的增加,预警结果出现准确率降低、空报率增加、预警级别逐渐增高的现象。

6.5 预警模型精细化程度

通过黄冈市地质灾害气象预警项目,完成了适用于黄冈地质灾害发育特征和分布规律的气象预警模型构建和预警系统研发,3 个汛期的地质灾害气象风险预警实践检验表明,本项目成果大力提升了黄冈市地质灾害气象风险预警的精细化程度,主要体现在以下几个方面。

(1) 从预警空间上精细化。黄冈以往开展地质灾害气象预警工作一方面是以发布《地质灾害防御重大气象信息安全专报》的形式开展地质灾害气象预警,对地质灾害在县域尺度的预警进行信息发布;另一方面是参考省部级发布的地质灾害气象预警,预警单元以地市州行政区为单元,预警网格不小于 500m×500m。通过本项目开展的气象预警模型研究,收集了 1:5 万大比例尺地质基础资料,预警栅格大小为 150m×150m,显著提高了预警单元精度,预警单元从县域或市域局部范围预警达到以乡镇为单元或是以栅格为单元,为临灾转移和行政指挥提供更精确的技术指向。

(2) 从预警时间上精细化。省部级开展的气象预警为中长期预警,由于气象预测准确率随着预测的时间延长而降低,最准确为 3h 预报,故本项目开展短临预警研究,可对未来 24h,每 3h 进行一次预警分析,更新频次与气象预测雨量数据同步,预警结果准确度大幅提升。

(3) 从预警发布产品和发布渠道上进行精细化。以往的预警产品主要以专报、短信或电视台广告的形式发布,通过本项目气象预警系统的建立,预警产品还可以链接、图片、邮件、推送提醒等形式发布,产品形式更加丰富多样化;在发布渠道方面,改善了以往完全依靠人工发送信息的方式,在原来发布渠道的基础上,结合了预警系统和地灾上报 APP 信息推送的功能,一旦达到黄色预警就会以邮件和短信的方式自动将预警提示发送至系统管理员和值班人员,更加智能、便捷。系统设置了信息发布模块,可根据预警单元勾选不同管理层级和相关人员进行点对点发送。

(4) 从预警内容上精细化。以往的预警信息以发布气象信息为主,结合少量的地质灾害预警,预警信息模糊,地质灾害位置、类别范围过大。本项目预警内容上包括图、表、预警词 3 个内容。其中,图包括雨量分布图 3 张(过去 3d 累计雨量分布图、过去 1d 累计雨量分布图、预测未来 1d 雨量分布图)、预警图 2 张(以行政村为预警单元的预警图、以 150m×150m 栅格为预警单元的预警图)、预警区内地质灾害信息列表。预警内容详细、丰富、易懂、全面。

(5) 从预警结果上精细化。黄冈市地质灾害气象预警模型将黄冈市全域分为 413 个地质分区,通过将地质环境因素与降雨因子进行耦合,结合有效雨量模型和逻辑回归模型,得到了 413 个地质分区的预警判据。每个地质分区在预警系统中均会进行预警分析计算,预警结果更加精细,准确度充分得到提高。另外,预警系统有专家会商模块,预警结果在发布前可在线进行多方远程会商,进一步提高预警成果的可信度。

第7章 思考与展望

7.1 应用研究结论

7.1.1 结　论

本研究基于黄冈市历史地质灾害数据、气象降雨数据、地理信息和遥感等数据，基于GIS平台下的各类分析工具，完成了对黄冈市地质灾害危险性评价因子的提取分析和评价区划，在分析降雨量与历史灾点关系的基础上建立了临界有效降雨量判据的计算公式，得到了黄冈地质灾害气象风险预警模型，并建设了气象风险预警系统。现将本项目主要成果总结如下。

(1)在统计分析黄冈市地质灾害分布规律和发育特征的基础上，选取合适的评价指标，对黄冈市全域进行地质分区，通过Matlab建立BP神经网络，采用机器学习算法得到各评价因子权重分布最优组合，利用ArcGIS空间分析功能得到了黄冈市地质灾害潜势度分区图。

(2)收集了近20年的日降雨量资料和地质灾害信息，建立了降雨量数据库和地质灾害发育历史数据库，通过统计降雨强度与地质灾害的关系，结合逻辑回归模型和SPSS拟合优度检验确定了有效降雨量计算模型。

(3)本项目采用第二代显示统计预警方法，结合有效雨量模型，采用数理统计分析方法在全域不同地质分区建立各区预警判据，采用地质灾害致灾因素的概率量化模型，建立了地质环境因素与降雨因素耦合的气象风险预警模型。

(4)建立了一套自动化气象风险预警系统。预警系统具备自动导入降雨数据、数据存储、查询、预警分析、自动生成预警产品等功能。

(5)黄冈市地质灾害精细化气象预警系统主要包括雨量数据管理、预警参数设置、气象预警分析、预警产品管理、历史预警查询、预警信息发布、专家会商和气象预警在线服务8个模块功能，实现了对地质灾害数据、雨量数据、地图数据进行存储与集成管理。

(6)建立了气象预警工作站，接入黄冈市气象台雨量数据，系统能自动获取历史和预报雨量信息，自动生成雨量图、预警图(包括以乡镇单元为预警单元的预警分区图和栅格图)，能实时显示位于预警区内的灾害点属性，在实际检验过程中，取得了较好的效果。

(7)气象预警系统基于预警模型，实现对气象数据与地质环境数据的融合分析与预警决策分析功能，自动计算预警结果并生成预警产品，一旦形成黄色及以上预警区(以行政村为预警单元)，就会自动报警并向管理员发送预警信息。

(8)结合黄冈市2016年汛期降雨强度与地质灾害发生情况，对预警模型进行了修正、优化，预警系统实现了24h预警分析,每3h系统自动分析计算一次并自动存储,同时具备按超级管理员自由选取时间进行计算分析。结合黄冈市2021年8月的强降雨对预警模型进行了检验,模型预警效果评价中命中率为100%,漏报率为0%,但是预警空报率仍然偏高,建议在后期运行期间根据实际情况对模型、系统进行进一步优化和更新。

(9)预警模型和平台建设从空间预警尺度、时间预警尺度、预警发布产品和发布渠道、预警内容、预警结果上均较好地实现了气象风险预警的精细化,为有关部门在防汛减灾方面提供了有力的参考,有利于合理分配救援资源。

7.1.2 运行情况

目前黄冈市地质灾害精细化气象风险预警系统已实现与省气象局气象数据对接,系统可自动抓取所需气象数据格式与累计雨量,可同步气象预报频次(每3h预报一次)进行地质灾害气象预警,并在预警系统自动形成预警产品。

该系统在2021年的第三轮强降雨期间及时上线运行,共发布预警信息46期(表7.1)。综合此强降雨期间预警结果与各县(市、区)上报灾情险情统计情况,在此期间的气象预警结果为命中率均值100%,空报率均值96%,漏报率均值0。由此可见,本项目气象预警总体来说准确率较高,有效地提升了全市地质灾害防御能力,提高了避灾抗灾工作主动性,为地方政府地质灾害应急处置决策和最大限度地保护人民群众生命财产安全提供了技术支撑。

7.1.3 存在的问题与思考

地质灾害气象预警研究在国内外范围仍是一项不断深入探索的课题。本次对黄冈市降雨型滑坡气象预警区划与判据的研究虽然取得了一些成果,但是由于技术和研究时间受限,且气象预警试运行的时间不长,还有很多问题需要进一步研究和完善。

(1)经过2021年汛期试运行预警效果检验,虽然预警结果准确率高,但橙色预警区和黄色预警区的空报率同样偏高。这需要积累更多的滑坡与降雨数据,对气象预警的概率量化模型权重取值及以乡镇为预警单元的判别模型进一步进行优化。

(2)本研究在统计滑坡与降雨信息数据库时,因部分滑坡发生的时间只记录到天,未明确到具体时间段,故建立有效雨量模型未考虑小时雨量的衰减,预警当天的预测雨量直接计入有效雨量进行计算,导致24h内的预警级别会逐渐增高。

(3)目前黄冈市地质灾害精细化气象预警系统可以实现24h的短临预警预报,但不具备中长期(3d、7d、10d、15d)预测预报的能力,无法科学有据地为黄冈市地灾防治领导小组提供地灾中长期预测预报研判的技术支撑。

(4)气象预警构建地质灾害预警模型时是基于10个县市区地质灾害详细调查结论选取的5个评价因子,地质分区时未充分考虑10个县市区孕灾条件的地质条件差异。这也是导致一期气象预警结果空报率偏高的重要原因之一。

(5)地质灾害预警预报实现了以乡镇为单元的预警,较以往预警区域在空间精细化程度上提升明显。但是在实际预警响应的过程中,仍然避免不了大规模的人员撤离,如2022年6月27日20:00至6月28日8:00,气象预警发布黄色预警,经统计全市转移避让792户2513人,给当地政府带来了较大的管理困难和经济负担,部门转移群众也产生了"狼来了"的心理,不利于防灾避灾工作的顺利进行。

第 7 章　思考与展望

表 7.1　黄冈市地质灾害精细化气象风险预警预报信息统计表（2021 年 8 月 10 日至 9 月 2 日）

日期	发布预警（期）	红色预警	橙色预警	黄色预警	蓝色预警	灾情险情上报情况	命中率（%）	空报率（%）	漏报率（%）
8 月 10 日	2	2	2	2	2	2	100	92.5	0
8 月 11 日	2	2	2	2	2	4	100	85	0
8 月 12 日	2	2	2	2	2	2	100	90	0
8 月 13 日	2	2	2	2	2	3	100	72.05	0
8 月 14 日	2	2	2	2	2	1	100	94	0
8 月 15 日	2	1	1	2	2	0	/	100	/
8 月 16 日	2	0	1	2	2	0	/	100	/
8 月 17 日	2	0	0	2	2	0	/	100	/
8 月 18 日	2	0	0	0	1	0	/	100	/
8 月 19 日	2	0	0	0	1	0	/	100	/
8 月 20 日	2	0	0	1	2	0	/	100	/
8 月 21 日	2	0	0	0	2	0	/	100	/
8 月 22 日	2	0	0	2	2	0	/	100	/
8 月 23 日	2	1	2	2	2	0	/	100	/
8 月 24 日	2	2	2	2	2	3	100	76.85	0
8 月 25 日	2	2	2	2	2	0	/	100	/
8 月 26 日	2	1	2	2	2	0	/	100	/
8 月 27 日	2	0	0	2	2	0	/	100	/
8 月 28 日	2	0	0	1	2	0	/	100	/
8 月 29 日	2	0	0	1	2	0	/	100	/
8 月 30 日	2	0	0	0	2	0	/	100	/
8 月 31 日	1	0	0	0	1	0	/	100	/
9 月 1 日	1	0	0	0	0	0	/	100	/
9 月 2 日	1	0	0	0	0	0	/	100	/

(6)气象预警平台建设初步实现了黄冈市地质灾害精细化气象风险自动化预警,但是平台功能相对单一,不具备自动化更新迭代的功能,还未实现移动客户端的便携使用,距离湖北省地质灾害防治"十四五"规划提出的"建立重要灾害体实景化+时间动态模型,为地质灾害监测、预警、防治提供依据"还有差距,信息化、智能化程度亟须进一步提升。

7.2 应用研究方向

7.2.1 三代预警模型综合运用

目前针对地质灾害的气象预警预报,国内外虽然已经提出了很多模型或方法,但大多数都是基于数理统计原理与技术,而建立的地质灾害预警模型(隐式、显式统计预警模型)往往具有很大的分散性、地域性、分析过程主观性以及数据不充分所引起的不稳定性或不完整性等特点,且不能模拟滑坡等地质灾害在降雨作用下的破坏机制及其应力应变状态,且存在对样本要求较高、分析过程主观因素强、结果难以验证等问题。动力学预警模型虽然克服了数理统计学模型的缺点,但是这种模型目前还处于探索阶段,理论与技术等方面都还不成熟,在实际应用中还有较大的限制。综合考虑隐式、显式统计预警和动力预警3种模型的优缺点及其实际应用情况,地质灾害的气象预警模型(方法)的发展方向应为三者的综合运用,研究内容主要包括临界降雨量统计分析模型、地质-气象耦合统计分析模型及地质体实时变化(包括应力应变、水动力、热力场和地热场等)的数学物理模型等多参数、多模型的耦合,使之能适用于特别重要的区域或小流域以及为单体地质灾害的动力预警与响应提供决策依据。与此同时,特别需要注意的是:参数越多,统计需要的数据资料也就越多;模型越多,对预警工作者的技术(包括统计学、力学、GIS、Internet、编程等方面的技术)要求也就越高。

7.2.2 基于天-空-地一体化的"三查"体系

目前国内外在滑坡监测技术、方法、手段上并无太大差距,专业仪器已成为常规设备,只是由于价格因素得不到普及,一些新技术如 InSAR、三维激光扫描等能很快应用到滑坡监测领域;监测数据的采集和传输也都实现了自动化和远程化;监测和预警系统有向 Web—GIS 发展的趋势。利用一个地区的滑坡易发区划或危险区划,结合降雨临界值,可以设定不同的预警级别,在区内布设一定数量的雨量站,监测雨量加上预报雨量,就可进行滑坡预警预报,国内外的区域性降雨型滑坡监测预警大体都是这个思路和做法,该方法在对公众进行警示方面起到了良好效果,但由于预警的范围太大,在具体的单点防治上,难以做到有效。我国在近10年开展了大量的监测预警工作,并取得了丰硕的成果,但根据统计数据,其成功预警率却并不理想,一方面表现在成功预警实例中专业预警所占比例过低,另一方面表现在发生的大量地质灾害位于已有的预警点之外。制约目前工作有效性的主要问题是滑坡隐患点的排查和识别问题,因为只有识别出了隐患点才能进行下一步的监测和预警,它是一切工作的基础。而解决这一问题的重要途径是分析区域上的滑坡发育规律,找到有效的隐患点识别技术方法以及引进风险管理的概念,进行监测资源的合理分配和有效预警。许强等(2019)提出可通过构建基于星载平台(高分辨率光学+合成孔径雷达干涉测量技术(inter-ferometricsyn the ticaperture radar, InSAR))、航空平台[机载激光雷达测量技术(light laserde-tectionand ranging, LiDAR)+无人机摄影测量]、地面平台(斜坡地表和内部观测)的天-空-地一体化的多源立体观测体系,进行重大地质灾害隐患的早期识别。具体地讲,首先借助于高分辨率的光学影像和 InSAR 识别历史上曾经发生过明显变形破坏和正在变形的区域,实现对重大地质灾害隐患区域性、扫面性的普查;随后,借助于机载 LiDAR 和无人机航拍,对地质灾害高风险区、隐患集中分布区或重大地质灾害隐患点的地形地貌、地表变形破坏迹象乃至岩体结构等进行详细调查,实现对重大地质灾害隐患的详查;最后,通过地面调查复核以及地表和斜坡内部的观测,甄别并确认或排除普查和详查结果,实现对重大地质灾害隐患的核查(图 7.1)。地质灾害隐患识别的"三查"体系类似于医学上大病检查和确诊过程,先通过全面体检筛查出重大病患者,再通过详细检查和临床诊断,确诊或排除病患。

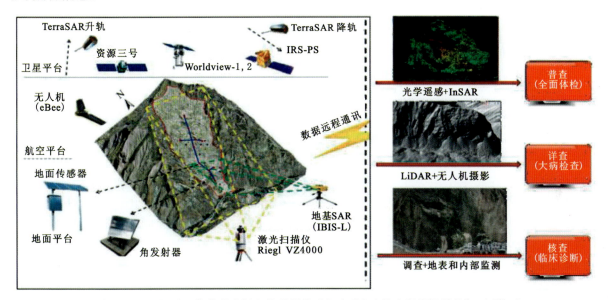

图 7.1　天-空-地一体化的多源立体观测体系与地质灾害隐患早期识别的"三查"体系
(据许强等,2019)

7.2.3　精细化气象风险预警

目前,浙江、四川、湖北、云南、重庆、贵州、甘肃等多个省市都已开展了地质灾害气象预警服务,并取得显著的防灾减灾效果。但我国的地质灾害气象预警工作离防灾减灾的实际需求还有很大的差距,今后应重点开展以下几个方面的工作。

(1)气象部门与地质灾害业务管理部门通力协作,对历史气象资料及相应的地质灾害资料进行系统的收集整理和分析研究,构建科学的气象预警模型。整合共享气象、自然资源、水利等部门的降雨观测站和观测资料,并实现气象部门气象预报和实际雨量观测数据与自然资源、应急管理、水利等部门的无缝对接和实时共享,使气象预警业务系统真正能实际指导防灾减灾工作。气象部门应加强地质灾害频发区多普勒雷达的布设,提高气象预报精准度和时效性,进一步提升气象预警能力和水平。

(2)我国大陆目前的气象预警都偏宏观和粗糙,科学性不够。各省市应组织力量,研究和建立分级[国家、省、市(区)、县等]、分区(按气象和地质灾害形成条件分区)、分类(按地质灾害类型、成因模式)的气象预警模型,使气象预警逐步向精细化发展,提升气象预警服务的实用性。中国香港的陆地面积仅1000 余平方千米,但香港地区针对灾害形成条件划分了 3 个区,建立了分区预警模型,预警精度和准确性得到大幅提高。

因此，随着监测点的不断增多，阈值预警所产生的高误报率和漏报率将会对预警工作产生负面影响。滑坡具有其普适性的宏观变形特征和规律，根据滑坡的时间-空间变形规律建立综合预警体系，可大大提高滑坡预警的准确性，这已被多次成功预警案例所证实。对于降雨型滑坡，相比于传统主要基于雨量的预警方法，采用将变形和地下水水位（降雨）有机结合的综合预警可大大提高预警的精度和准确性。

7.2.4 人工智能（AI）开发应用

人工智能已经成为新一轮科技革命和产业变革的核心驱动力，正在对世界经济、社会进步和人类生活产生极其深刻的影响（腾讯研究院，2017）。

近年来，人工智能（AI）技术得到快速发展，并日益融入经济社会各个领域，成为当代创新发展的新标志，智能防灾减灾将成为未来发展的趋势和研究的热点。

张茂省等（2019）提出将人工智能（AI）应用于地质灾害防控体系建设。在回顾AI发展现状与趋势的基础上，系统梳理出以往地质灾害风险防控的数据依据和传统技术方法，分析了可能采用的潜在AI方法，初步搭建了基于AI的地质灾害风险防控体系建设方案。智能防灾减灾体系包括早期识别、风险评估、风险防控3个主要环节，其中最重要的环节是早期识别，传统方法与AI技术融合的关键参数为斜坡失稳概率或泥石流发生概率；根据所依据的数据资料将早期识别方法归纳为图像识别、形变识别、位移识别、内因识别、诱因识别和综合识别6种方法；提出了从数据层、方法层和应用层3个层次构建基于大数据智能混合优化的地质灾害风险防控平台。

基于规则和机器学习的地质灾害风险防控技术主要针对某一环节或对某一问题，会形成一座座"信息孤岛"。基于大数据智能混合优化的地质灾害风险防控技术平台主要包括基础设施层、算法层和应用层。主要依托Python将地质灾害数据纳入数据生态，运用时空动态数据洞察、信息感知、提取新的知识等功能，通过智能优化与挖掘，数据模拟与预测，形成地质灾害风险防控体系的技术与方法创新（Gantzj，2011）。基础设施层的关键是云计算平台与多维异构大数据库建设，算法层的核心是深度。

学习与智能混合优化算法，应用层包括早期识别、风险评估和风险管控。该平台应将"信息孤岛"链接为"信息全岛"，形成于基于大数据智能混合优化的地质灾害风险防控一体化技术平台。算法的选取或改进依据的是数据，面向的是应用层，不同的数据特征和应用需要不同的算法，所以算法可以理解为依据数据特征和面向早期识别、风险评估和风险管控环节的最佳算法的优选及改进。

设计正确的滑坡（泥石流）灾害预警预报模型是实现突发性地质灾害预警预报成败的关键。人工神经网络（artificial neural network，ANN），是近年来迅速发展的一种模拟人脑机理和功能的新型计算机与人工智能技术，是当前国际上一个非常活跃的边缘学科。它与传统的专家系统、模糊理论等人工智能技术相比具有很多突出的优点，如自组织、自学习、容错能力强等，这使其在突发性地质灾害的预报评价中具有很大的应用前景。

灾害预报系统（hazards prediction system，HPS）采用SPV-ANN模型建立。SPV-ANN模型由李长江等于1999年提出，是一种与领域法相似，但属于自组织系统与概率型及平行向量法结合的神经网络。

SPV-ANN将降雨量、降雨强度和降雨持续时间作为主要变量处理，而把区域内任意给定点的坡度、地质构造条件、第四纪覆盖物类型及其性质、人类工程活动以及植被等因素作为"稳定"（相对于孕灾时间的变化予以忽略）因子处理。在SPV-ANN模型中通过样本训练，自动确定各个输入变量的权值。假设除大气降雨之外的其他变量对于待评估地区是稳定的，以降雨量、降雨强度及降雨持续时间作为主要变化信息，求取在对应降雨条件下评估地区的灾害发生概率。

计算机网络的迅速发展和普及，为信息共享、传播带来了前所未有的速度和效益。开发基于网络的地质灾害预测预报信息发布系统，无疑对社会发展和保障具有重要的意义。

7.2.5 地质灾害风险防控技术

刘传正总结出历史对比法、直接观察法、间接反演法、遥感遥测法、动态观测法、综合分析法 6 种地质灾害风险识别方法，并基于多年学术研究与实地"原型观测"，提出了崩滑灾害早期识别的"六要素识别法"，可用式(7-1)表示。

$$R = f(a,b,c,d,e,f;t) \tag{7-1}$$

其中，a,b,c,d,e,f 分别代表了观测暂态时段六因素的状态参数，t 代表了六因素变化的时间，R 代表了各因素彼此间的连锁性反应或变化可能导致的地质灾害风险。这种方法考虑了地质体的原始地形地貌、初始状态、地质环境等条件随致灾因子和人类活动的变化而发生变形的过程。在基于地质灾害事件识别的基础上，正确认识地质体的既往状态、现状并预测其风险，才能最大程度降低承灾对象遭遇灾害的风险。

这些因素的变化决定着致灾体与承灾体遭遇的概率，从而为地质灾害风险评价指明方向。通过实际案例论证了典型因素变化导致的地质灾害，在思想上突破了以往过度关注于从已发生灾害事件推断未来风险的局限，推动从地质环境因素变化孕育地质灾害风险的研判，更有针对性地服务于防灾减灾管理决策。

地质灾害隐患早期识别风险分析主要是通过各种手段进行地质灾害风险识别、地质灾害隐患早期识别，是地质灾害风险评估和管理的基础(张茂省等，2011—2013)。殷跃平在系统研究特大型顺层岩质滑坡、多级旋转型黄土滑坡、地震滑坡、高速远程滑坡气垫效应等机理的基础上，总结了特大型滑坡早期识别和空间预测技术，从地形地貌条件、地层结构、地质构造、节理裂隙与洞穴发育程度、大面积灌溉、季节性冻融、软弱地层等方面梳理了黄土滑坡早期识别特征(殷跃平等，2007)。张茂省和唐亚明(2008)在工程地质年会上提出地质灾害早期识别的 6 种主要途径：①群众报警。常依据出现的地面裂缝、房屋裂缝、泉水异常等现象。②野外调查。专业技术人员通过地形地貌、地质结构、变形迹象、影响因素等分析判断。③InSAR、三维激光扫描、机载 LiDAR 等多期次数据分析。④发育过程监测。⑤不同期高光谱遥感影像、照片对照。⑥基于 DEM 的坡形、坡度、坡高等分析。

国际滑坡风险评估中的关键环节是风险分析，其难点是确定斜坡的失稳概率，或滑坡的频次(Hungr et al.，2005)。计算频率的方法有(Nadim et al.，2005)：①研究区或者相似(地质、地貌等特征)地区以往的数据资料；②基于斜坡稳定性分级系统得相关经验方法；③运用地貌学证据(加上以往数据)，或根据专家的判断；④将频次与触发事件(降雨、地震等)的剧烈程度联系起来；⑤根据专家的判断直接评估，根据概念模型作保证；⑥将主要变量模型化；⑦应用概率论的方法；⑧上述方法的综合。

纵观国内外地质灾害早期识别研究进展，所依据的数据庞杂，可用性及可靠度不一，传统的地质灾害早期识别技术方法可归纳为遥感解译、地表形变分析、地下位移分析、地下间接因素分析、诱发因素分析和综合分析 6 种。随着科技的发展，地质灾害风险防控管理机制日趋成熟，传统方法与智能技术的融合共同作用于不同环节的风险防控，详见表 7.2。

表 7.2 地质灾害风险防控技术统计表（据张茂省等，2019）

防控环节	传统方法	数据依据	基于机器学习的防控技术	基于深度学习与混合优化的防控平台	AI＋物理过程
早期识别	遥感解译	遥感影像、照片	图像识别技术：基于多期高光谱遥感影像图和深度学习的遥感影像识别技术；基于深度信念网络的遥感影像识别与分类	基于大数据智能混合优化的地质灾害风险防控技术平台：①数据层：控制因素、影响因素、诱发因素、变形迹象、已有地质灾害。②方法层：主要依托 Python，深度学习（卷积神经网络、递归神经网络、深度信念神经网络）与策略梯度强化学习算法、哈希算法、属性约简、支持向量机、长－短期记忆神经网络、时间序列分析、贝叶斯、多属性决策、群体智能优化（生物地理学算法、遗传算法、粒子群、差分进化）、条件随机场、马尔科夫链、核函数、经验模态分解、多属性决策、可靠度理论等方法的混合优化。③应用层：早期识别、风险评估、风险管控	人工智能与形成机理和过程融合的地质灾害风险防控集成技术
早期识别	地表变形分析	InSAR、DEM坡参数、裂缝、沉降、鼓胀、植被变化	形变识别技术：基于地表形变的快速智能识别技术（基于 DEM 和遥感影像的区域黄土滑坡体识别技术；基于迭代 PCA 的 GPS 时间序列形变估计；DEM 对时序 InSAR 技术地表形变监测分析；基于小基线集技术的精细化地表形变监测；多视线向 D－InSAR 三维地表形变解算中 GPS 约束定权）		
早期识别	地下位移分析	钻孔倾斜、深部位移	位移识别技术：基于地下钻孔倾斜、位移的智能识别技术		
早期识别	地下间接因素分析	地下水水位、含水率、地球物理参数	内因识别技术：基于地下间接因素的智能识别技术		
早期识别	诱发因素分析	地震、极端降雨、冻融、溃决、开挖、堆载	诱因识别技术：基于诱发因素的智能识别技术		
早期识别	综合分析	控制因素、影响因素、诱发因素、变形迹象、已有地质灾害	综合识别技术：研发基于综合因素的智能识别技术		
风险评估	隐患点	失稳概率、时空概率、损失概率	基于 AI 的地质灾害隐患点、场地和区域风险评估定性专家评价方法；信息量法、多元回归、逻辑回归、决策树、支持向量机、贝叶斯、神经网络、随机森林、极限平衡方法、TRIGRS、3DSLOPE、Scoops3D		
风险评估	场地				
风险评估	区域				
风险管控	搬迁避让	控制因素、影响因素、诱发因素、变形迹象、已有地质灾害	搬迁避让安全场址智能选取技术；需要搬迁避让隐患点与威胁的承灾体的自动识别方法		
风险管控	监测预警	空-天-地-内协同监测	地质灾害隐患智能监测与自动化预警技术		
风险管控	工程治理	防治勘查	基于人工智能的工程治理方案设计或优化		

7.2.6 建立三维GIS监测预警系统

本书基于地质勘察与监测资料,利用先进的计算机技术、三维可视化建模与网络技术,在地质建模的基础上结合监测数据进行分析处理,建立地质灾害监测预警系统,为地质灾害的预测预警提供实时的决策支持。

通过GPRS和北斗卫星将数据传输到滑坡监测中心后,需要对这些数据进行管理、分析和处理,为此建立了一套三维滑坡灾害预警系统。根据等高线图、地质信息的剖面图和相关的钻孔信息,建立地质灾害中高风险区典型斜坡单元的三维地表模型和三维地质模型,并统一在WGS80大地坐标系建立三维GIS系统平台,为监测数据管理和分析提供基础可视化和地理位置信息。

监测仪器与三维系统的结合,主要是通过大地坐标信息与之相结合。在统一的大地坐标下,将监测仪器加入到三维GIS系统平台下,然后通过监测仪器编号,将三维中的仪器模型与数据库进行结合。

建立地质灾害中高风险区典型斜坡单元三维地质模型数据库,结合降雨数据库,分区分类构造预警模型和预警判据,基于GIS建立气象预警系统,由点及面进行地质灾害精细化气象风险预警,实现精细化、可视化、立体化、自动化、信息化、全方位的地质灾害气象预警。

7.3 展 望

"十四五"时期是我国开启全面建设社会主义现代化国家新征程,向第二个百年奋斗目标进军的关键时期,为实现黄冈市"一级、两区、三城"的目标定位,必须牢牢把握新发展阶段、贯彻新发展理念、构建新发展格局的丰富内涵和实践要求,切实把党的十九届五中全会精神转化为湖北高质量发展的纲与魂。

高质量发展和国家安全战略对地质灾害防治工作提出了更高要求。习近平总书记对新时代下的防灾减灾工作作出了一系列重要指示。党的十八大报告强调"加强防灾减灾体系建设,提高气象、地质、地震灾害防御能力",把地质灾害防治放在生态文明建设的突出位置。党的十九大报告中明确提出了"加强地质灾害防治"的要求。习近平总书记在中央财经委员会第三次会议上指出"要建立高效科学的自然灾害防治体系,提高全社会自然灾害防治能力,为保护人民群众生命财产安全和国家安全提供有力保障"。《黄冈市国民经济和社会发展第十四个五年规划和2035年远景目标纲要》提出,"统筹发展和安全,创造和谐稳定的发展环境","全面提高抵御自然灾害的综合防范能力"。随着新时代的发展,迫切需要全面提高地质灾害综合防治能力,把地质灾害防治工作做实、做细、做到位,为黄冈市高质量发展和人民群众生命财产安全提供强有力的支撑。湖北省地质灾害防治"十四五"规划总体目标提出,到2025年,以"减存量、遏增量、防变量"为目的,全面提升湖北省地质灾害早期识别和预警预报能力,推进地质灾害"隐患点+风险区"双控模式,显著提升预警预报精度和时效性,为地质灾害区域风险管控服务。

黄冈市已建成的地质灾害精细化气象风险预警系统虽然实现了以乡镇为预警单元的短临预警,但是存在空报率高、预报能力不足、风险区预警精细化程度仍待提升的问题,不利于黄冈市进行地灾应急行政指挥和预警响应。下一步黄冈市地质灾害精细化气象风险预警的研究与应用,将预警的重心转移到对区域性地质分区与评价指标判定、历史数据的统计分析和基于斜坡体变形、地下水水位、雨量等关键指标的预警模型和判据研究,采用学科交叉、部门联合的方式实行攻关。立足"群专结合",深化"精细化预警",结合省、市地质灾害防治"十四五"规划,基于县级地质灾害风评调查评价全覆盖,形成黄冈市地域性的易发性评价体系和技术流程,夯实"风险双控,科技减灾"基础,构建黄冈市"长、中、短、临"精细化地质灾害气象风险预警体系,建立典型斜坡单元"实景化+时间"动态模型,进一步提升地质灾害风险管控的智能化与信息化水平，努力做到基础扎实、预警及时、信息通达、措施得力、预防有效的高度信息化、预警一体化的地质灾害气象风险预警格局，充分发挥预警系统的"哨兵"指挥功能，提升监测预警能力和防灾减灾水平，支撑地方政府科学决策与受威胁群众防灾避灾工作，打造"技防＋人防"的科学防灾体系。为临灾转移提供充裕时间，力争有效降低地质灾害带来的生命财产损失和预警响应的经济成本。

主要参考文献

蔡静森,2013.均质等厚反倾层状岩质边坡倾倒变形机理研究[D].武汉:中国地质大学(武汉).

陈剑,杨志法,李晓,2005.三峡库区滑坡发生概率与降水条件的关系[J].岩石力学与工程学报,24(17):3052-3056.

陈静静,姚蓉,文强,等,2014.湖南省降雨型地质灾害致灾雨量阈值分析[J].灾害学,29(2):42-47.

陈力,刘青泉,李家春,2001.坡面降雨入渗产流规律的数值模拟研究[J].泥沙研究,4(8):61-67.

丛威青,李铁锋,潘懋,等,2008.基于非饱和渗流理论的区域降雨型地质灾害动力学预警方法研究[J].北京大学学报(自然科学版),44(2):212-216.

方景成,邓华锋,肖瑶,等,2017.库水和降雨联合作用下岸坡稳定影响因素敏感性分析[J].水利水电技术,48(3):146-152.

冯杭建,李伟,麻士华,等,2009.地质灾害预警预报信息发布系统——基于ANN和GIS的新一代发布系统[J].自然灾害学报,18(1):187-193.

高华喜,殷坤龙,2007.降雨与滑坡灾害相关性分析及预警预报阈值之探讨[J].岩土力学,28(5):1055-1060.

高连通,晏鄂川,刘珂,等,2014.考虑降雨条件的堆积体滑坡多场特征研究[J].工程地质学报,22(2):263-271.

何朝阳,巨能攀,赵建军,等,2018.基于ArcGIS的降雨型地质灾害自动预警系统[J].人民长江,49(2)增刊:246-254.

贺可强,郭璐,陈为公,2015.降雨诱发堆积层滑坡失稳的位移动力评价预测模型研究[J].岩石力学与工程学报,34(S2):4204-4215.

贺小黑,王思敬,肖锐铧,等,2013.协同滑坡预测预报模型的改进及其应用[J].岩土工程学报,35(10):1839-1848.

胡玉禄,魏嘉,任翠爱等,2006.致灾营力当量预报预警方法探讨——以山东省地质灾害-气象预报预警为例[J].中国地质灾害与防治学报(2):119-122+129.

黄光明,2010.降雨量与闽西北地区地质灾害关系初探[J].福建地质,29(1):115-118.

黄健,2012.基于3D WebGIS技术的地质灾害监测预警研究[D].成都:成都理工大学.

黄润秋,陈国庆,唐鹏,2017.基于动态演化特征的锁固段型岩质滑坡前兆信息研究[J].岩石力学与工程学报,36(3):521-533.

黄涛,罗喜元,邬强,2004.地表水入渗环境下边坡稳定性的模型试验研究[J].岩石力学与工程学报,23(16):2671-2675.

兰恒星,周成虎,李焯芬,等,2003.瞬时孔隙水压力作用下的降雨滑坡稳定性响应分析:以香港天然降雨滑坡为例[J].中国科学E辑:技术科学(S1):119-136.

李爱国,岳中琦,谭国焕,2003.土体含水率和吸力量测及其对边坡稳定性的影响[J].岩土工程学报,25(3):278-282.

李长冬,龙晶晶,姜茜慧,等,2020.水库滑坡成因机制研究进展与展望[J].地质科技通报,39(1):67-77.

李长江,2003.浙江省国土资源遥感调查与综合研究[D].杭州:浙江省国土资源厅.

李长江,麻土华,2011.反思舟曲灾难事件:如何最大限度减少人员伤亡[J].地质论评,57(5):687-699.

李长江,麻土华,孙乐玲,2011.降雨型滑坡预报中计算前期有效降雨量的一种新方法[J].山地学报,29(1):81-86.

李朝奎,陈建辉,魏振伟,等,2019.显式统计预警模型下地质灾害预警方法及应用[J].武汉大学学报(信息科学版),44(7):1020-1026.

李德营,徐勇,殷坤龙,等,2019.降雨型滑坡高速运动与堆积特征模拟研究:以宁乡县王家湾滑坡为例[J].地质科技情报,38(4):225-230.

李芳,梅红波,王伟森,等,2017.降雨诱发的地质灾害气象风险预警模型[J].地质科技情报,42(9):1637-1646.

李峰,郭院成,2007.降雨入渗对边坡稳定性作用机理分析[J].人民黄河,29(6):44-46.

李凤琴,2012.降雨过程中土质浅层滑体体积含水量变化研究[J].勘察科学技术(2):15-18.

李明,高维英,杜继稳,2010.陕西黄土高原诱发地质灾害降雨临界值研究[J].陕西气象,5:1-5.

李铁锋,丛威青,2006.基于Logistic回归及前期有效雨量的降雨诱发型滑坡预测方法[J].中国地质灾害与防治学报,17(1):33-35.

李小根,王安明,2015.基于GIS的滑坡地质灾害预警预测系统研究[J].郑州大学学报(工学版),36(1):114-118.

李秀珍,许强,2003.滑坡预报模型和预报判据[J].灾害学,18(4):72-79.

李媛,杨旭东,2006.降雨诱发区域性滑坡预报预警方法研究[J].水文地质工程地质,(2):101-104.

梁冰,王永波,赵颖,等,2009.降雨入渗和再分布对边坡土体水分运移的数值模拟研究[J].系统仿真学报,21(1):43-49.

梁润娥,李中社,苗高建,等,2013.区域地质灾害气象预警模型研究现状与展望[J].安全与环境工程,20(1):30-35.

廖秋林,李晓,李守定,等,2005.三峡库区千将坪滑坡的发生、地质地貌特征、成因及滑坡判据研究[J].岩石力学与工程学报,24(17):3146-3153.

刘传正,李铁锋,程凌鹏,等,2004a.区域地质灾害评价预警的递进分析理论与方法[J].水文地质工程地质,31(4):1-8.

刘传正,李云贵,温铭生,2004b.四川雅安地质灾害时空预警试验区初步研究[J].水文地质与工程地质(4):20-30.

刘传正,刘艳辉,2007.地质灾害区域预警原理与显式预警系统设计研究[J].水文地质工程地质(34):109-115.

刘传正,温铭生,唐灿,2004c.中国地质灾害气象预警初步研究[J].地质通报,23(4):303-309.

刘传正,张明霞,孟晖,2006.论地质灾害群测群防体系[J].防灾减灾工程学报,26(2):175-179.

刘广润,晏鄂川,练操,2002.论滑坡分类[J].工程地质学报,10(4):339-342.

刘兴权,姜群鸥,战金艳,等,2008.地质灾害预警预报模型设计与应用[J].工程地质学报,16(3):342-347.

刘艳辉,刘传正,温铭生,等,2015.中国地质灾害气象预警模型研究[J].工程地质学报,23(4):738-746.

刘艳辉,唐灿,李铁锋,等,2009.地质灾害与降雨雨型的关系研究[J].工程地质学报,17(5):656-661.

陆文博,晏鄂川,王杰,等,2018.鄂西北中部地区滑坡孕灾模式分析[J].中国地质灾害与防治学报,2(91):60-66.

罗鸿东,李瑞冬,张勃,等,2019.基于信息量法的地质灾害气象风险预警模型:以甘肃省陇南地区为例[J].地学前缘,26(6):289-297.

麻土华,李长江,孙乐玲,等,2011.浙江地区引发滑坡的降雨强度-历时关系[J].中国地质灾害与防治学报,22(2):20-25.

马力,曾祥平,向波,2002.重庆市山体滑坡发生的降水条件分析[J].山地学报,20(2):246-249.

亓星,朱星,许强,等,2020.基于斋藤模型的滑坡监滑时间预报方法改进及应用[J].工程地质学,28(4):832-839.

乔建平,杨宗佶,田宏岭,2009.降雨滑坡预警的概率分析方法[J].工程地质学报,17(3):343-348.

饶传新,2014.基于WebGIS的宜昌市地质灾害气象监测预警服务系统的研发[D].成都:电子科技大学.

荣冠,张伟,周创兵,等,2005.降雨入渗条件下边坡岩体饱和非饱和渗流计算[J].岩土力学,26(10):1545-1550.

孙金山,陈明,左昌群,等,2012.降雨型浅层滑坡危险性预测模型[J].地质科技情报,31(2):117-121.

谭文辉,璩世杰,高丹青,等,2010.降雨入渗对边坡稳定性的影响分析[J].武汉理工大学学报,32(15):39-43.

唐红梅,魏来,高阳华,等,2013.基于逻辑回归的重庆地区降雨型滑坡预报模型[J].中国地质灾害与防治学报,24(3):32-37.

唐亚明,张茂省,薛强,等,2012.滑坡监测预警国内外研究现状及评述[J].地质论评,58(3):533-541.

唐扬,殷坤龙,夏辉,2017.前期含水率对浅层滑坡降雨入渗及稳定性影响研究[J].地质科技情报,36(5):204-208.

王佳佳,2015.三峡库区万州区滑坡灾害风险评估研究[D].武汉:中国地质大学(武汉).

王兰生,李日国,詹铮,1982.1981年暴雨期四川盆地区岩质滑坡的发育特征[J].大自然探索(1):44-51.

王鲁男,晏鄂川,李兴明,等,2015.沟谷空间特征与斜坡灾害发育关联性分析[J].中国地质灾害与防治学报,26(2):97-102.

王仁乔,周月华,王丽,2005.大降雨型滑坡临界雨量及潜势预报模型研究[J].气象科技,33(4):11-313.

王尚庆,1998.长江三峡滑坡监测预报[M].北京:地质出版社.

王思敬,马凤山,杜永廉,1996.水库地区水岩作用及其地质环境影响[J].工程地质学报,4(3):1-9.

王腾飞,李远耀,曹颖,等,2019.降雨型浅层土质滑坡非饱和土-水作用特征试验研究[J].地质科技情报,38(6):181-188.

王威,王水林,汤华,等,2009.基于三维GIS的滑坡灾害监测预警系统及应用[J].岩土力学,30(11):3379-3385.

王维早,许强,郑海君,2017.特大暴雨诱发平缓浅层滑坡堆积土饱和与非饱和水力学参数试验研究:以王正塝滑坡为例[J].地质科技情报,36(1):202-207.

王文波,温坚培,彭瑞,2009.诱发德庆县地质灾害的强降雨特征与分区预警指标[J].气象研究与应用,30(2):228-229.

王鑫,赵康,蒋叶林,等,2021.基于BP神经网络的怒江流域泥石流易发性动态区划模型研究[J].

化工矿物与加工,51(1):39-48.

王雁林,2005.陕南地区滑坡灾害气象预报预警及其防范对策探析[J].地质灾害与环境保护,16(4):345-349.

王裕琴,杨迎冬,周翠琼,等,2015.基于GIS空间分析技术的云南省地质灾害气象风险预警系统[J].中国地质灾害与防治学报,26(1):134-137.

王章琼,晏鄂川,王鲁男,等,2014.地形坡度对鄂渝地区水库型堆积层滑坡贡献率研究[J].工程地质学报,22(6):1204-1210.

魏丽,单九生,边小庚,2006.降水与滑坡稳定性临界值试验研究[J].气象与减灾研究,29(2):18-24.

温铭生,刘传正,陈春利,等,2019.地质灾害气象预警与减灾服务[J].城市与减灾(3):9-12.

温文,吴旭彬,2015.Verhulst模型在黄茨滑坡临滑预测中的应用.人民珠江,(5):38-40.

吴宏伟,陈守义,庞宇威,1999.雨水入渗对非饱和土坡稳定性影响的参数研究[J].岩土力学,1(3):2-15.

吴树仁,韩金良,石菊松,等,2005.三峡库区巴东县城附近主要滑坡边界轨迹分形分维特征与滑坡稳定性关系[J].地球学报,26(5):71-76.

吴树仁,金逸民,石菊松,等,2004.滑坡预警判据初步研究——以三峡库区为例[J].吉林大学学报,34(4):596-600.

吴树仁,石菊松,张永双,等,2006.滑坡宏观机理研究:以长江三峡库区为例[J].地质通报,25(7):874-879.

吴益平,唐辉明,2001.滑坡灾害空间预测研究[J].地质科技情报,20(2):87-90.

吴益平,滕伟福,李亚伟,2007.灰色—神经网络模型在滑坡变形预测中的应用[J].岩石力学与工程学报,26(3):632-636.

吴益平,张秋霞,唐辉明,等,2014.基于有效降雨强度的滑坡灾害危险性预警[J].地球科学——中国地质大学学报,39(7):889-895.

伍法权,王年生,1996.一种滑坡位移动力学预报方法探讨[J].中国地质灾害与防治学报,7(4):38-41.

谢洪波,尹振羽,钱壮志,2008.降雨型突发性地质灾害县级气象预警研究——以云南新平县为例[J].安全与环境学报(2):72-75.

谢剑明,刘礼领,殷坤龙,等,2003.浙江省滑坡灾害预警预报的降雨阈值研究.地质科技情报,22(4):101-105.

谢谟文,江崎哲郎,邱骋,等,2007.空间三维滑坡敏感性分区工具及其应用[J].地学前缘,14(6):73-84.

谢谟文,王纯祥,江崎哲郎,2005.滑坡发生地周围类似滑坡再发分析及灾害评价[J].岩石力学与工程学报,24(15):2640-2646.

谢守益,张年学,许兵,1995.长江三峡库区典型滑坡降雨诱发的概率分析[J].工程地质学报,3(2):60-69.

徐卫亚,张志腾,1995.滑坡失稳破坏概率及可靠度研究[J].灾害学,10(4):33-37.

许强,2020.对滑坡监测预警相关问题的认识与思考[J].工程地质学报,28(2):360-374.

许强,董秀军,李为乐,2019.基于天-空-地一体化的重大地质灾害隐患早期识别与监测预警[J].武汉大学学报(信息科学版),44(7):957-966.

许强,曾裕平,钱江澎,等,2009.一种改进的切线角及对应的滑坡预警判据[J].地质通报,28(4):501-505.

晏鄂川,刘广润,2004.论滑坡基本地质模型[J].工程地质学报,12(1):21-24.

杨强根,王晓蕊,马维峰,等,2021.基于微服务架构的地质灾害监测预警预报系统设计[J].地球科学,46(4):1505-1517.

杨胜元,陈百炼,杨森林,等,2006.贵州省地质灾害—气象预报预警的基本思路与方法[J].中国地质灾害与防治学报,17(2):111-114.

杨向敏,吴福,陈柏基,等,2021.地质灾害预警预报技术创新与应用[J].地理空间信息,19(3):112-115.

杨忠平,李绪勇,赵茜,等,2021.关键影响因子作用下三峡库区堆积层滑坡分布规律及变形破坏响应特征[J].工程地质学报,29(3):617-627.

姚佩超,杨志强,2016.地质灾害实时监测与预警系统的设计与实现[J].测绘通报(S2):124-129.

殷坤龙,1992.滑坡灾害预测研究概况[J].地质科技情报,11(4):59-62.

殷坤龙,2000.滑坡灾害的长期预测与监测预报模型[C]//中国岩石力学与工程学会新世纪岩石力学与工程的开拓和发展——中国岩石力学与工程学会第六次学术大会论文集.北京:科学出版社,2000:584-586.

殷坤龙,张桂荣,龚日祥,等,2004.WebGIS在浙江省地质灾害预测预报及信息发布中的应用[J].水文地质工程地质(增刊):13-17.

殷坤龙,张桂荣,龚日祥,等,2003.基于Web-GIS的浙江省地质灾害实时预警预报系统设计[J].水文地质工程地质,30(3):19-23.

殷跃平,王猛,李滨,等,2007.延安市宝塔区地质灾害详细调查示范[J].西北地质,40(2):29-55.

殷跃平,吴树仁,2012.滑坡监测预警与应急防治技术研究[M].北京:科学出版社.

银明锋,2012.暴雨条件下风化岩边坡滑坡机理与治理试验研究[D].长沙:中南大学.

曾江波,付智勇,肖林超,等,2018.基于降雨作用下滑面抗剪强度动态变化的层状边坡稳定性评价[J].地质科技情报,37(4):231-255.

张桂荣,殷坤龙,刘礼领,等,2005a.基于WebGIS和实时降雨信息的区域地质灾害预警预报系统[J].岩土力学(8):1312-1317.

张桂荣,殷坤龙,刘礼领,等,2005b.基于WEB的浙江省降雨型滑坡预警预报系统[J].地球科学——中国地质大学学报(2):250-254.

张茂省,程秀娟,董英,等,2013.冻结滞水效应及其促滑机理——以甘肃黑方台地区为例[J].地质通报,32(06):852-860.

张茂省,贾俊,王毅,等,2019.基于人工智能(AI)的地质灾害防控体系建设[J].西北地质,52(2):103-116.

张茂省,李林,唐亚明,等,2011.基于风险理念的黄土滑坡调查与编图研究[J].工程地质学报,19(1):43-51.

张茂省,唐亚明,2008.地质灾害风险调查的方法与实践[J].地质通报(8):1205-1216.

张明,胡瑞林,谭儒蛟,等,2009.降雨型滑坡研究的发展现状与展望[J].工程勘察,37(3):11-16.

张年学,1993.长江三峡工程库区顺层岸坡研究[M].北京:地震出版社.

张永术,2021.地理信息系统在地质灾害应急管理中的应用[J].福建地质,4(40):337-343.

张珍,李世海,马力,2005.重庆地区滑坡与降雨关系的概率分析[J].岩石力学与工程学报,24(17):3185-3191.

赵海燕,殷坤龙,陈丽霞,等,2020.基于有效降雨阈值的澧源镇滑坡灾害危险性分析[J].地质科技通报,39(4):85-93.

赵晓东,呆旭日,张泰丽,等,2018.基于GIS的潜势度地质灾害预警预报模型研究——以浙江省温州市为例[J].地理与地理信息科学,34(5)1-6.

郑侠,2012.基于 CF 概率模型的滑坡致滑地质环境背景因子筛选分析[J].福建地质,31(3),278-283.

钟登华,秦朝霞,李明超,等,2007.三维地质模型支持下的滑坡体稳定性分析[J].应用基础与工程科学学报,15(1):65-73.

周平根,毛继国,侯圣山,等,2007.基于 WebGIS 的地质灾害预警预报信息系统的设计与实现[J].地学前缘(6):38-42.

庄建琦,彭建兵,张利勇,2013.不同降雨条件下黄土高原浅层滑坡危险性预测评价[J].吉林大学学报(地球科学版),43(3):867-876.

左健扬,倪万魁,景博,2017.三维可视化滑坡地质模型的研究与应用[J].灾害学,32(1):60-64.

ALEOTTI P, 2004. A warning system for rainfall-induced shallow failures[J]. Engineering Geology,73(3-4):247-265.

ANGELI M G, PASUTO A, SILVANO S, 2000. A critical review of landslide monitoring experiences[J]. Engineering Geology,55(3):133-147.

AU S W C,1993,Rainfall and slope failure in Hong Kong[J]. Engineering Geology,36,141-147.

AYALEW L,1999. The effect of seasonal rainfall on landslides in the highland of Ethiopia[J]. Bulletin of Engineering Geology and the Environment,58:9-19.

BAUM R L,SAVAGE W Z,GODT J W,2002. TRIGRS:A fortran program for transient rainfall infiltration and grid-based regional slope stability analysis[R].[S. I.]:U. S. Geological Survey Open-File Report 02-0424:35.

BRAND E W,1988. Landslide risk assessment in Hong Kong[C]//In Proceedings of thd 5th Internationd Symposium on Landslide. Vol 2. Lausanne Switzerland, A. A. Ballkema,1059-1074.

BRUNETTI M T, PERUCCACCI S, ROSSI M, 2010. Rainfall thresholds for the possible occurrence of landslides in Italy[J]. Natural Hazards and Earth System Sciences,10:447-458.

CAINE N,1980. The rainfall intensity-duration control of shallow landslides and debris flows[J]. Geografiska Annaler,62:23-27.

CAMPBELL R H,1974. Debris floes originating from soil slips during rainstorms in southern California[J]. Engineering Geology,7:339-349.

CARDINALI M,GALLI M,GUZZETTI F,et al. ,2006. Rainfall induced landslides in December 2004 in south-western Umbria,central Italy:types,extent,damage and risk assessment [J]. Natural Hazards & Earth System Sciences,6(2):237-260.

COLLISON A, WADE S, GRIFFITHS, et al. , 2000. Modeling the impact of predicted climate change on landslide frequency and magnitude in SE England[J]. Engineering Geology ,5(3):205-218.

DAHAL R K,HASEGAWA S,2008. Representative rainfall thresholds for landslides in the Nepal Himalaya[J]. Geomorphology,100:429-443.

FUJITA H, 1977. Influence of water level fluctuations in a reservoir on slope stability[J]. Bulletin of the International Association of Engineering Geology,16:170-173.

GLADE T,CROZIER M,SMITH P,2000. Applying probability determination to refine landslide-triggering rainfall thresholds using an empirical "antecedent daily rainfall model" [J]. Pure & Applied Geophysics,157(6-8):1059-1079.

GODT J W, BAUM R L, CHLEBORAD A F, 2006. Rainfall characteristics for shallow land sliding in Seattle,Washington,USA[J]. Earth Surface Processes and Landforms,31:97-110.

GUIDICINI G, IWASA O Y, 1977. Tentative correlation between rainfall and landslides in a humid tropical environment[J]. Bulletin of Engineering Geology and the Environment,16(1): 13-20.

GUZZETTI F,CARDINALI M,REICHENBACH P,et al.,2004. Landslides triggered by the 23 November 2000 rainfall event in the Imperia Province,Western Liguria,Italy [J]. Eng Geol,73(3): 229-245.

GUZZETTI F,PERUCCACCI S,ROSSI M. et al.,2007. Rainfall thresholds for the initiation of landslides in central and southern Europe [J]. Meteorology and Atmospheric Physics, 98 (3-4): 239-267.

HITOSHI S,DAICHI N,HIROSHI M,2010. Relationship between the initiation of a shallow landslide and rainfall intensity—duration thresholds in Japan[J]. Geomorphology,118: 167-175.

HU X L,ZHANG M,SUN M J,et al.,2015. Deformation characteristics and failure mode of the Zhujiadian landslide in the Three Gorges Reservoir,China[J]. Bulletin of Engineering Geology and the Environment,74(1):1-12.

HUNGR O,FELL R,COUTURE R,et al.,2005,Landslide risk management[M]. Florida:CRC Press.

INTRIERI E,CARLÀ T,GIGLI G,2019. Forecasting the time of failure of landslides at slope-scale: A literature review[J]. Earth-Science Reviews,19(3):333-349.

JORDI C,JOSE M,1999. Reconstructing recent landslide activity in relation to rainfall in the Llobregat River Basin,Eastern Pyrenees,Spain[J]. Geomorphology,30: 79-93.

KEEFER D K,WILSON R C,MARK R K,1987. Real time landslide warning system during heavy rainfall[J]. Science,238: 921-925.

LARSEN M C,SIMON A,1993. A rainfall intensity—duration threshold for landslides in a humid-tropical environment,Puerto Rico[J]. Geographical Annular,75A(1 2): 13 23.

LEE M L,NG K Y,HUANG Y F,et al.,2014. Rainfall-induced landslides in Hulu Kelang Area, Malaysia [J]. Nat Hazards,(70):353-375.

LIM T T,RAHARDJO H,CHANG M F,et al.,1996. Effect of rainfall on matric suctions in a residual soil slope[J]. Canadian Geotechnical Journal,33(4): 618-628.

LOURENCO S D N,SASSA K,FUKUOKA H,2006. Failure process and bydrologic response of a two layer physical model:Implications for rainfall-induced landslides[J]. Geomorphology,73(1-2):115-130.

NADIM F,KVALSTAD T J,GUTTORMSENT,2005. Quantification of risks associated with seabed instability at Ormen Lange[J]. Marine and Pertoleum Geoloty,22(1-2):0-318.

NICHOL S L,HUNGR O,EVANS S G,2002. Large-scale brittle and ductile toppling of rock slopes[J]. Canadian Geotechnical Journal,39(4):773-788.

PALIS E,LEBOURG T,TRIC E,et al.,2017. Long-term monitoring of a large deep-seated landslide (La Clapiere,South-East French Alps):initial study[J]. Landslides,14(1): 155-170.

ROSI A,PETEMEL T,MATGA T A,2016. Rainfall thresholds for rainfall-induced landsides in Slovenia[J]. Candslides:126(1):112-120.

ROSI A,PETERNEL T,JEMEC-AUFLIČ M,et al.,2016. Rainfall thresholds for rainfall−induced landslides in Slovenia[J]. Landslides,13(6):1571-1577.

SEGALINI A,VALLETTA A,CARRI A,2018. Landslide time-of-failure forecast and alert threshold assessment:A generalized criterion[J]. Engineering Geology,24(5):72-80.

SEGONI S,PICIULLO L,GARIANO S L. A review of the recent literature on rainfall thresholds for landslide occurrence[J]. Landslides,2018,15(8):1483-1501.

SERGIO D N,KYOJI S,FUKUOKA H,2006. Failure process and bydrologic response of a two layer physical model: Implications for rainfall-induced landslides[J]. Geomorphology, 73 (1-2): 115-130.

TANG H M,LI C D,HU X L,et al.,2015. Deformation response of the Huangtupo Landslide to rainfall and the changing levels of the Three Gorges Reservoir[J]. Bulletin of Engineering Geology and the Environment,74(3):933-942.

TANG Y M,YIN Y P,SUN P P,et al.,2010. Rainfall triggering model on loess landslide and the thresholds. In: Kyoji Sassa et al. eds. Early Warning of Landslides[J]. Beijing: Geological Publishing House,122-134.

THOURET J,ANTOINE S,MAGILL C,et al.,2020. Lahars and debris flows: Characteristics and impacts[J]. Earth-Science Reviews,201,103003.

TOFANI V,BICOCCHI G,ROSSI G,et al.,2017. Soil characterization for shallow landslides modeling:A case study in the Northern Apennines[J]. Landslides,14(2):70-75.

WANG H B, SASSA K, 2006. Rainfall-induced landslide hazard assessment using artificial networks[J]. Earth Surface Processes and Landforms(31):235-247.

WIECZOREK G F,LARSEN M C,EATON L S. 2001. Debris－flow and flooding hazards associated with the December 1999 storm in coastal Venezuela and strategies for mitigation[EB/OL]. [2011-10-01]. http://pubs.usgs.gov/of/2001/ofr-01-0144/.

WIECZOREK G F ,WILSON R C ,MARK R K ,et al.,1990. Landslide warning system in the San Francisco Bay Region[J]. Landslide News,4:5-8.

ZHUANG J Q,JAVED I,PENG J B,et al.,2014. Probability prediction model for landslide occurrences in Xi'an,Shanxi Province,China[J]. Journal of Mountain Science,11(2):345-359.